U0040156

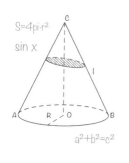

$S=4pi \cdot r^2$

sin x

$a^2+b^2=c^2$

180°

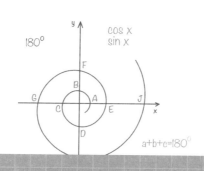

cos x
sin x

a+b+c=180°

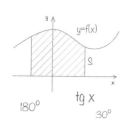

y=f(x)

S

180°

30°

tg x

· プログラマの数学第2版 ·

程式設計
必修的數學課

學會寫程式,從數學思維與邏輯訓練開始

日本数学会出版賞得主

結城 浩——著

衛宮紘———譯

$V=pi \cdot r^2 \cdot h$

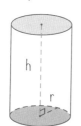

h

r

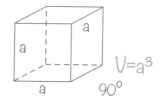

a

a

a

$V=a^3$

90°

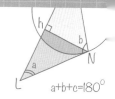

h

b

N

L

a

a+b+c=180°

序言

本書是寫給程式設計師的數學讀物。

程式設計的基礎是電腦科學，電腦科學的基礎是數學。因此，學好數學有助於鞏固程式設計的基礎，寫出完善的程式。

「但是，我就是不擅長數學。」有些讀者會這麼想吧，尤其「一看見數學式就想跳過」的讀者，應該也不在少數。老實說，如果書中出現數學式，我自己也會想要跳過不讀。

本書會盡可能去除這些「想要跳過不讀的數學式」*，淺談相關的定義、定理及證明。

本書主要是幫助程式設計師加深理解程式設計，期望各位能夠習得有助於程式設計的「數學思維」。

數學思維的例子

「數學思維」感覺過於抽象，以下就稍微舉例說明！

【條件分歧與邏輯】

在設計程式時，我們會根據條件來「分歧」處理，C、Java 等多數程式語言是使用 if 敘述。若滿足條件，執行這邊的處理；若不滿足條件，執行那邊的處理，像這樣控制處理的流程。此時，我們是使用數學領域中的「邏輯」來控管程式，因此在程式設計上，必須熟習「且」「或」「非……」「若……則……」等邏輯要素。

【循環與數學歸納法】

為了處理大量資訊，我們會使用程式來執行「循環」。例如，使用 for 敘述能夠循環處理大量數據，而循環的基礎就是「數學歸納法」。

---

* 但是，在〈附錄 1：邁向機器學習的第一步〉中，會舉出基本的數學式。

【區分討論與計數原理】

在「區分討論」複數條件、數據時，程式設計師得注意絕對不能有所遺漏。此時，加法原理、乘法原理、排列組合等「計數原理」可帶來幫助。這是程式設計師應該不斷磨練的數學工具。

此外，本書也可學習遞迴、指數、對數、餘數等基本且重要的思維。

人類與電腦的共同戰線

我們編寫程式是為了解決單靠人類無法解決的問題，程式設計師理解問題、編寫程式後，由電腦執行該程式來解決問題。

人類不擅長反覆執行，一下子就會覺得厭煩並犯下錯誤，但卻擅長解決問題；電腦則擅長反覆執行，但無法自行解決問題。

換言之，解決問題需要結合人類和電腦的力量。

遭遇困難問題時，單靠人類或電腦並無法解決，但結合兩者之力就能迎刃而解。本書的目的之一就是描述人機合作的情況。

然而，編寫程式有其困難性，即便人機合作仍有無法解決的問題。本書中，我們也會探究人類和電腦的極限。

期望各位讀完本書後，能夠對人類使用程式與電腦協作有更深刻的理解。

本書預設的讀者

本書預設的讀者主要是程式設計師。不過，只要是對程式設計、數學感興趣的人應該皆能樂在其中。

讀者不需要精通數學。除了後面的附錄，本書不會出現Σ、$\int$的困難數學式，因此對數學感到棘手的人也能輕鬆閱讀。閱讀時，只需要四則運算（＋－×÷）和乘方（$2^3 = 2 \times 2 \times 2$），其餘的知識會在書中說明。

若你對數、理論感興趣，可能會更喜歡本書的內容。

讀者不需要精通程式設計。不過，若有些編寫程式的經驗，可能會更容易理解本書。其中，有一部分的說明是使用 C 語言寫成，但即便不曉得 C 語言，也不會妨礙閱讀。

本書架構

本書在閱讀上沒有章節次序的限制，但我建議從頭依序閱讀。

第1章會討論0的概念，以進位計數法為中心，學習使用0來簡化規則，並討論「無即是有」的意義。

第2章會學習以邏輯來整理複雜的內容，介紹邏輯式、真值表、笛摩根定理、三值邏輯、卡諾圖等。

第3章會討論剩餘的概念，掌握「剩餘就是分群」的觀念，學習找出困難問題的週期性，幫助解決問題。

第4章會學習數學歸納法。數學歸納法是以兩個步驟證明無窮主張的方法。另外，本章也會以迴圈不變性為例，介紹正確的迴圈。

第5章會學習排列組合等計數原理，計數的關鍵在於「發掘計數對象的性質」。

第6章會學習「以自己定義自己」的遞迴，透過河內塔、費氏數列、碎形圖案等，練習發掘複雜事物的遞迴結構。

第7章會學習指數爆發。涉及指數爆發的問題，即便交給電腦也難以解決。本章會討論如何反過來利用指數爆發，解決大規模的問題。以二元搜尋為例，學習如何將問題規模一分為二。

第8章會以停機判斷問題為例，了解有哪些程式上的問題是電腦如何進步都解決不了的。本章也會學習反證法、對角論證法。

第9章會回顧本書學到的內容，討論人類發掘結構的能力如何幫助解決問題、人機合作有什麼意義。

「附錄1：邁向機器學習的第一步」會淺談近年備受關注的機器學習，介紹幾個機器學習的基本概念。

初版謝辭

首先要感謝馬丁・加德納（Martin Gardner）。小時候沉迷於閱讀您的《數學遊戲》（*Mathematical Games*）著作，至今仍記憶猶新。

感謝各位讀者聲援筆者，以及為筆者祈福的基督徒友人們。

感謝下述同仁閱讀本書原稿，並給予寶貴意見與鼓勵：

天野勝先生、石井勝先生、岩澤正樹先生、上原隆平先生、
佐藤勇紀先生、武笠夏子小姐、前原正英先生、三宅喜義先生。

感謝 SoftBank Publishing 股份有限公司的野澤喜美男總編，耐心輔助筆者直到本書完成。

感謝最愛的妻子和兩位兒子總是給予筆者鼓勵。

我想要將本書獻給父親，感念他過去在餐桌上教我聯立方程式、微積分。父親，真的很謝謝您。

結城　浩

關於第 2 版的出版發行

近年，機器學習、深度學習（Deep Learning）、人工智慧（AI）等議題頻繁出現在報章媒體上，愈來愈多人對機器學習產生興趣。

然而，機器學習涉及到程式設計與數學，內容變化快速、範圍也相當廣泛，有些人可能會覺得難以接近！

因此，我在附錄添加了「**邁向機器學習的第一步**」作為新內容。裡面會依序介紹機器學習的基本概念。

本書的寫作方針是「盡可能不使用數學式」，但這篇附錄會解說、使用簡單的數學式。若不熟習數學式，即便是「簡單」的內容也會覺得「困難」。若一看見數學式便停止思考，這樣真的非常可惜。其實數學式並沒有想像中這麼可怕。

期望這篇附錄能夠成為大家邁向機器學習的契機。

結城　浩

CONTENTS

第 1 章 　 0 的故事

第 2 章	邏輯

第 3 章	剩餘

第 4 章	數學歸納法

第 5 章 排列組合

第 6 章　遞迴

第 **1** 章

0 的故事

——「無即是有」的意義

ZERO MATTERS.

⊙ 課前對話

老師：「1、2、3 的羅馬數字是 I、II、III。」

學生：「加法很簡單。I＋II 會是並列 3 個 I 的 III。」

老師：「但是，II＋III 不是 IIIII 而是 V 喔。」

學生：「啊，對吼！」

老師：「數目一多，就需要下工夫『統整』。」

本章要學習的東西

本章中，我們來學習「0」的概念。

一開始會先討論我們使用的十進制與電腦使用的二進制，接著解說進位計數法，最後再一起來思考 0 的功用。雖然 0 看起來僅是用來描述「無」，但它其實發揮了產生規律、簡化並統整規則的重要功用。

小學一年級的回憶

以下是我小學一年級的回憶。

「請翻開筆記本寫下『十二』。」

聽到老師這麼說，我翻開全新的筆記本，緊握著削尖的鉛筆，寫出大大的數字。

$$102$$

老師走到我身邊查看，面帶微笑溫柔地說：

「不對喔。應該寫成 12 才對。」

小時候的我遵照老師所說的「十二」寫下了 10 和 2，但這是錯誤的理解。誠如大家所知，現代人會將「十二」記為 12。

而羅馬數字的「十二」記為XII，X表示 10；I表示 1。II是兩個I並排，表示 2。換言之，XII 是 X 和 II 並排的表記。

數有許多表記法，如同「十二」記為 12、XII。12 是阿拉伯數字的表記法；XII 是羅馬數字的表記法。無論使用哪種表記法，都是用來表達「數目本身」。以下就來介紹幾種表記法。

十進制

先來談十進制。

什麼是十進制？

我們平常都使用十進制。

· 使用的數字有 0、1、2、3、4、5、6、7、8、9 十種；
· 數位有其意義，由右依序表示個位、十位、百位、千位等。

上述規則應該在小學數學就學過，日常生活中也常用到，想必大家都曉得才對。這邊以實例來解說十進制，當作是複習。

分解 2503

首先，以 2503 為例來討論。2503 是排列 2、5、0、3 這四個數字來表示 2503 這個數目。

像這樣排列的數字，每個數位有著不一樣的意義：

· 2 表示「1000 的個數」；
· 5 表示「100 的個數」；
· 0 表示「10 的個數」；

‧3 表示「1 的個數」。

換言之，2503 是表達 2 個 1000、5 個 100、0 個 10 和 3 個 1 加總起來的數目。

以數字和文字冗長說明顯得無趣，下面用圖形來表示。

$$2_{\times 1000} + 5_{\times 100} + 0_{\times 10} + 3_{\times 1}$$

像這樣用數字的大小加以區別，就能夠明白各位數字 2、5、0、3 的登場頻率。

由於 1000 是 $10 \times 10 \times 10 = 10^3$（10 的 3 次方）；100 是 $10 \times 10 = 10$（10 的 2 次方），所以也可寫成如下（請注意箭頭部分）：

$$2_{\times 10^3} + 5_{\times 10^2} + 0_{\times 10} + 3_{\times 1}$$

再則，由於 10 是 10^1（10 的 1 次方）；1 是 10^0（10 的 0 次方），所以可寫成如下：

$$2_{\times 10^3} + 5_{\times 10^2} + 0_{\times 10^1} + 3_{\times 10^0}$$

千位、百位、十位、個位可分別說成 10^3 的位、10^2 的位、10^1 的位、10^0 的位，十進制的數位全都是 10^n 的形式。這個 10 稱為十進制的**基數**或者**底數**。

基數 10 右上角的數——**指數**，會是 3、2、1、0 等有規律遞減的數。

$$2_{\times 10^3} + 5_{\times 10^2} + 0_{\times 10^1} + 3_{\times 10^0}$$

二進制

接著來談二進制。

什麼是二進制？

電腦處理數時是使用二進制。若由十進制來類推，馬上就能了解二進制的規則：

· 使用的數字僅有 0 和 1 兩種；

· 由右依序為個位、二位、四位、八位等。

若以二進制依序計數，首先是 0，然後是 1，接著不是 2，而是進位 1 成 10，再接著是 11、100、101 等。

Table 1-1 是 0 到 99 的十進制和二進制表記。

Table 1-1　0 到 99 的十進制和二進制表記

十進制	二進制	十進制	二進制	十進制	二進制	十進制	二進制	十進制	二進制
0	0	20	10100	40	101000	60	111100	80	1010000
1	1	21	10101	41	101001	61	111101	81	1010001
2	10	22	10110	42	101010	62	111110	82	1010010
3	11	23	10111	43	101011	63	111111	83	1010011
4	100	24	11000	44	101100	64	1000000	84	1010100
5	101	25	11001	45	101101	65	1000001	85	1010101
6	110	26	11010	46	101110	66	1000010	86	1010110
7	111	27	11011	47	101111	67	1000011	87	1010111
8	1000	28	11100	48	110000	68	1000100	88	1011000
9	1001	29	11101	49	110001	69	1000101	89	1011001
10	1010	30	11110	50	110010	70	1000110	90	1011010
11	1011	31	11111	51	110011	71	1000111	91	1011011
12	1100	32	100000	52	110100	72	1001000	92	1011100
13	1101	33	100001	53	110101	73	1001001	93	1011101
14	1110	34	100010	54	110110	74	1001010	94	1011110
15	1111	35	100011	55	110111	75	1001011	95	1011111
16	10000	36	100100	56	111000	76	1001100	96	1100000
17	10001	37	100101	57	111001	77	1001101	97	1100001
18	10010	38	100110	58	111010	78	1001110	98	1100010
19	10011	39	100111	59	111011	79	1001111	99	1100011

分解 1100

在本小節，以二進制的 1100 為例，來詳細觀察吧。

跟十進制相同，排列的數字會根據數位而有不同的意義，由左邊的數位依序為：

· 1 表示「8 的個數」；
· 1 表示「4 的個數」；
· 0 表示「2 的個數」；
· 0 表示「1 的個數」。

換言之，二進制的 1100 是表達 1 個 8、1 個 4、0 個 2 和 0 個 1 加總起來的數。8、4、2、1 分別是 2^3、2^2、2^1、2^0，所以也可如下寫成：

$$1 \times 2^3 + 1 \times 2^2 + 0 \times 2^1 + 0 \times 2^0$$

這個式子計算後，能夠將二進制的 1100 轉為十進制。

$$
\begin{aligned}
1 \times 2^3 + 1 \times 2^2 + 0 \times 2^1 + 0 \times 2^0 &= 1 \times 8 + 1 \times 4 + 0 \times 2 + 0 \times 1 \\
&= 8 + 4 + 0 + 0 \\
&= 12
\end{aligned}
$$

由此可知，二進制的 1100 表記成十進制時會是 12。

基數轉換

我們試著將十進制的 12 轉為二進制吧。為此，需要將 12 反覆除以 2（將 12 除以 2、將商數 6 除以 2、再將商數 3 除以 2⋯⋯），觀察餘數是「1」還

是「0」，餘數 0 表示「能夠除盡」。將得到的餘數反過來排列（1 和 0 的數列），就會是二進制的表記。

Fig.1-1　以二進制表記 12

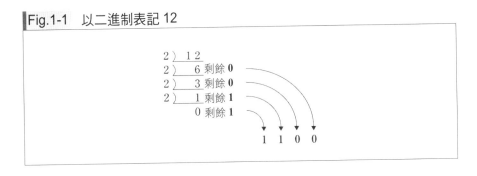

同理，試著將十進制的 2503 轉為二進制。

Fig.1-2　以二進制表記 2503

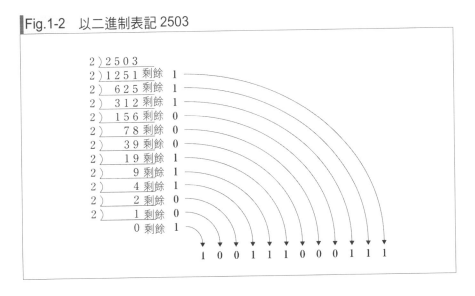

由 Fig.1-2 可知，2503 可用二進制表記為 100111000111，各數位的權重如下：

$$1 \times 2^{11} + 0 \times 2^{10} + 0 \times 2^9 + 1 \times 2^8 + 1 \times 2^7 + 1 \times 2^6 + 0 \times 2^5 + 0 \times 2^4 + 0 \times 2^3 + 1 \times 2^2 + 1 \times 2^1 + 1 \times 2^0$$

十進制的基數為 10，各數位會是 10^n 位的形式；而二進制的基數為 2，各數位會是 2^n 位的形式。從十進制轉成二進制表記法，稱為十進制轉二進制的**基數轉換**。

電腦使用二進制的理由

電腦一般是使用二進制，我們來思考其理由。在電腦上表達數目時，會使用下述兩種狀態：

- 開關關閉的狀態；
- 開關開啟的狀態。

這邊的開關未必是機械的開關，可想成電路作成的「電子開關」。簡言之，只要能夠呈現兩種狀態就行了。將開關具有的兩種狀態對應數字 0 和 1：

- 開關關閉的狀態……0
- 開關開啟的狀態……1

一個開關能夠表達 0 或者 1，假設有許多開關，各開關分別表示二進制的各數位。如此一來，只要增加開關的個數，無論多大的數都能夠表達。

當然，若能作出呈現 0～9 十種狀態的開關，理論上可讓電腦使用十進制。然而，這種開關的機制遠比 0 和 1 的開關還要複雜。

再則，請比較 Fig.1-3 和 Fig.1-4 的加法表格，二進制的表格比十進制的表格簡單許多。製作 1 位數的加法電路時，採用二進制會遠比採用十進制來得容易。

但是，比起十進制，二進制具有「位數較多」的缺點。比如，十進制的 2503 僅需 4 位數，但相同數的二進制 100111000111 則需要 12 位數。由第 5 頁的 Table 1-1 也明顯可知，二進制的位數比較多。

人類會覺得十進制比二進制來得容易，是因為十進制的位數較少、計算錯誤的情況較少。而且，比起二進制，十進制也能夠直觀判斷數的大小。人類兩手共有 10 根手指，這也有助於直觀理解十進制。

Fig.1-3　十進制的加法表格

+	0	1	2	3	4	5	6	7	8	9
0	0	1	2	3	4	5	6	7	8	9
1	1	2	3	4	5	6	7	8	9	10
2	2	3	4	5	6	7	8	9	10	11
3	3	4	5	6	7	8	9	10	11	12
4	4	5	6	7	8	9	10	11	12	13
5	5	6	7	8	9	10	11	12	13	14
6	6	7	8	9	10	11	12	13	14	15
7	7	8	9	10	11	12	13	14	15	16
8	8	9	10	11	12	13	14	15	16	17
9	9	10	11	12	13	14	15	16	17	18

Fig.1-4　二進制的加法表格

+	0	1
0	0	1
1	1	10

　　與此相對，電腦能夠高速計算，不會在意位數的多寡。電腦不像人類有計算錯誤的問題，也不需要直觀掌握數的大小。處理的數字種類愈少、計算規則愈簡單，對電腦來說會愈好。

　　總結一下吧。

・十進制的位數較少，但數字種類較多。
　→對人類來說，這樣比較容易使用。
・二進制的數字種類較少，但數位較多。
　→對電腦來說，這樣比較容易使用。

　　基於上述理由，在電腦會使用二進制。

　　由於人類使用十進制，而電腦使用二進制，所以電腦在進行人類的計算時，需要在十進制和二進制之間轉換。電腦會將十進制轉為二進制，使用二進制計算後，再將二進制的計算結果轉為十進制。

Fig.1-5　人類使用電腦計算時

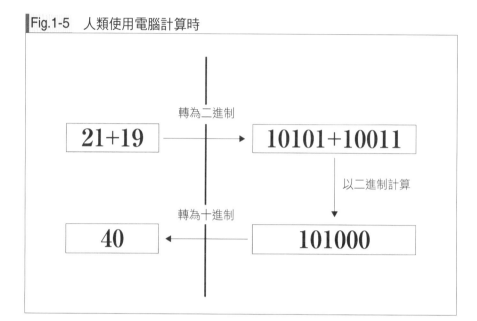

進位計數法

下面來談進位計數法。

什麼是進位計數法？

前面討論了十進制和二進制兩種表記法，這種方法通常稱為**進位計數法**。除了十進制和二進制，還有其他種類的進位計數法。在程式設計上，經常使用八進制和十六進制。

●八進制

八進制的特徵如下：

・使用的數字有 0、1、2、3、4、5、6、7 八種；
・由右依序為 8^0 的位、8^1 的位、8^2 的位、8^3 的位等（基數為 8）。

●十六進制

十六進制的特徵如下：

・使用的數字有 0、1、2、3、4、5、6、7、8、9、A、B、C、D、E、F，
共十六種；
・由右依序為 16^0 的位、16^1 的位、16^2 的位、16^3 的位等（基數為 16）。

在十六進制，10 以上的數字會使用 A、B、C、D、E、F（也可使用小寫
a、b、c、d、e、f）。

●N 進制

一般來說，N 進制的特徵如下：

・使用的數字有 0、1、2、3、……、$N-1$，共 N 種；
・由右依序為 N^0 的位、N^1 的位、N^2 的位、N^3 的位等（基數為 N）。

例如，N 進制的四位數 $a_3a_2a_1a_0$ 會是

$$a_3 \times N^3 + a_2 \times N^2 + a_1 \times N^1 + a_0 \times N^0$$

（a_3、a_2、a_1、a_0 是 0～$N-1$ 的數字）。

不使用進位計數法的羅馬數字

雖然進位計數法感覺非常自然且理所當然，但也有不進位的計數法。
例如羅馬數字就不使用進位計數法。
羅馬數字現在也常用於時鐘的錶盤。

Fig.1-6　使用羅馬數字的時鐘錶盤

另外，在電影的片尾名單（credits）中，也會出現表示年號的羅馬數字，如 MCMXCVIII 等。

羅馬數字表記法的特徵如下：

· 數位不具有意義，數字本身即為數目；
· 沒有 0；
· 使用 I（1）、V（5）、X（10）、L（50）、C（100）、D（500），M（1000）等文字；
· 數目是所有文字表示的數加總起來。

例如，排列三個 I 的 III 表示 3；排列 V 和 I 的 VI 表示 6；同理，VIII 表示 8。

羅馬數字的加法僅需要並排記號就行了，相當簡單。的確，1＋2 的計算只是將表示 1 的 I 和表示 2 的 II 並排寫成 III 而已。但是，當數目變多，就不是這麼回事了。

例如，3＋3 的計算不是將 III 並排 III 寫成 IIIIII，而是將 5 統整取出寫成 VI。CXXIII（123）加上 LXXVIII（78）不能僅並排成 CXXIIILXXVIII，必須將 IIIII 統整為 V、VV 統整為 X、XXXXX 統整為 L、LL 統整為 C，記為 CCI（201）才行。因此，在「統整」記號的過程中，也得像進位計數法一樣計算進位。

再則，羅馬數字也有「減法規則」，如 IV 將 I 寫在 V 的左側，表示 5－1 等於 4（有些時鐘錶盤會基於歷史因素將 4 記為 IIII）。

下面試著將羅馬數字的 MCMXCVIII 記為十進制吧。

$$
\begin{aligned}
\text{MCMXCVIII} &= (M) + (CM) + (XC) + (V) + (III) \\
&= (1000) + (1000 - 100) + (100 - 10) + (5) + (3) \\
&= 1998
\end{aligned}
$$

結果，MCMXCVIII 表示 1998，羅馬數字也相當麻煩吧。

指數定律

10^0 為多少？

在說明十進制時提到「1 是 10^0（10 的 0 次方）」（第 4 頁），也就是 $10^0 = 1$。

有些讀者可能會有如下疑問：

10^2 是「10 自乘兩次的數」，那麼 10^0 應該是「10 自乘 0 次的數」，
結果不應該是 1 而是 0 吧？

我們仔細來看此疑問的核心在什麼地方。其核心在「10^n 是『10 自乘 n 次的數』」的部分，在討論「10 自乘 n 次的數」時，我們會自然認為 n 的數值為 1、2、3、……。因此，在討論「10 自乘 0 次的數」時，會不曉得該怎麼理解其意義。

有鑑於此，我們暫且忘掉「自乘 n 次的數」的解釋，改變視角來討論：**根據過去所學的知識類推，10^0 應該為多少才適當？**

先從我們熟知的事情開始。

已知 10^3 是 1000、10^2 是 100、10^1 是 10。

試著將這些式子放在一起，發掘其中的規律：

$$10^3 = 1000$$
$$10^2 = 100$$
$$10^1 = 10$$
$$10^0 = ?$$

10 分之 1
10 分之 1
10 分之 1

10 右上角的數字（指數）每減少 1，數目會是原本的 10 分之 1。換言之，我們可以將 10^0 想成是 1。不將 0 獨立出來討論，而是包含 0 在內來定義規則：

指數每減少 1，數目會變為原本的 10 分之 1。

10^{-1} 為多少？

上述的規則不需要停在 10^0。試著對 10^{-1}（10 的 -1 次方），也套用同樣的規則「指數每減少 1，數目會是原本的 10 分之 1」：

$$10^0 = 1$$
$$10^{-1} = \frac{1}{10}$$
$$10^{-2} = \frac{1}{100}$$
$$10^{-3} = \frac{1}{1000}$$
$$\vdots$$

10 分之 1

10 分之 1

10 分之 1

擴張規則

稍微統整一下吧。

我們討論了 10^n 這個表記。

一開始討論到當 n 為 1、2、3，結果會是 10^1、10^2、10^3，相當於「10 自乘 1 次」「10 自乘 2 次」「10 自乘 3 次」。

接著，我們暫且忘掉「自乘幾次」的解釋，發掘「10^n 的 n 減少 1，數目會是原本的 10 分之 1」的規則。

當 n 為 0，10^0 的數值無法套用「自乘幾次」的解釋。於是，我們擴張規則，想成「10^0 是 10^1 的 10 分之 1」就能夠定義 10^0 為 1。

當 n 為 -1、-2、-3，10^{-1}、10^{-2}、10^{-3} 的數值，也可藉由擴張規則來定義。

如此一來，對於所有整數 n（-3、-2、-1、0、1、2、3 等），都能夠定義 10^n 的數值。10^{-3} 沒辦法直觀地想成「10 自乘 -3 次」，但若從擴張規則的視角來看，即便 n 為負數，也能夠「定義」10 的 n 次方。

討論 2^0

如同 10^0，接著來討論 2^0 的數值。

$$2^5 = 32$$
$$2^4 = 16$$
$$2^3 = 8$$
$$2^2 = 4$$
$$2^1 = 2$$
$$2^0 = ?$$

2 分之 1

2 分之 1

2 分之 1

2 分之 1

2 分之 1

由此可知，2^n 的 n 減少 1，數目會是原本的 2 分之 1。

那麼，2^0 可想成 2^1 的 2 分之 1，也就是$2^0 = 1$。

這邊想要強調的不是死背 2^0 為多少，而是思考 2^0 應該為多少才能夠簡化規則。換言之，關鍵不在於記憶力的好壞，而在於能否用想像力產生「如何定義數值來簡化規則」的想法。

2^{-1} 為多少？

如同 10^{-1}，以下來討論 2^{-1} 的數值。同理可知，2^{-1} 是 2^0 除以 2，也就是 $2^{-1} = \dfrac{1}{2}$。

我們無法直觀地理解「2 的 -1 次方」，但為了簡化規則並保持一貫性，可將 2 的 -1 次方定義為 $2^{-1} = \dfrac{1}{2}$。同理，我們能夠定義 $2^{-2} = \dfrac{1}{2^2}$、$2^{-3} = \dfrac{1}{2^3}$。

整理前面的內容後，將所有式子放在一起突顯其中的規律。

$$
\begin{aligned}
10^{+5} &= 1 \times 10 \times 10 \times 10 \times 10 \times 10 \\
10^{+4} &= 1 \times 10 \times 10 \times 10 \times 10 \\
10^{+3} &= 1 \times 10 \times 10 \times 10 \\
10^{+2} &= 1 \times 10 \times 10 \\
10^{+1} &= 1 \times 10 \\
10^{0} &= 1 \\
10^{-1} &= 1 \div 10 \\
10^{-2} &= 1 \div 10 \div 10 \\
10^{-3} &= 1 \div 10 \div 10 \div 10 \\
10^{-4} &= 1 \div 10 \div 10 \div 10 \div 10 \\
10^{-5} &= 1 \div 10 \div 10 \div 10 \div 10 \div 10
\end{aligned}
$$

$$
\begin{aligned}
2^{+5} &= 1 \times 2 \times 2 \times 2 \times 2 \times 2 \\
2^{+4} &= 1 \times 2 \times 2 \times 2 \times 2 \\
2^{+3} &= 1 \times 2 \times 2 \times 2 \\
2^{+2} &= 1 \times 2 \times 2 \\
2^{+1} &= 1 \times 2 \\
2^{0} &= 1 \\
2^{-1} &= 1 \div 2 \\
2^{-2} &= 1 \div 2 \div 2 \\
2^{-3} &= 1 \div 2 \div 2 \div 2 \\
2^{-4} &= 1 \div 2 \div 2 \div 2 \div 2 \\
2^{-5} &= 1 \div 2 \div 2 \div 2 \div 2 \div 2
\end{aligned}
$$

由上述的式子，大家應該就能夠體會為何將 10^0、2^0 定義為 1。

然後，我們進一步將前面的「規則」稱為**指數定律**，可如下表達：

$$N^a \times N^b = N^{a+b}$$

亦即，「N 的 a 次方乘上 N 的 b 次方等於 N 的 $a+b$ 次方」（其中 $N \neq 0$）。關於指數定律，在第 7 章也會討論。

0 發揮的功用

0 的功用：確保場所

在本小節，我們來討論 0 的功用。例如，十進制 2503 的 0 發揮了什麼樣的功用？2503 的 0 表示「沒有」十位，但就算「沒有」十位，2503 也必須寫出 0。因為若省略 0 寫成 253，會變成其他的數。

在進位計數法，數位具有重要的意義，所以即便「沒有」十位的數，該處也必須放置數字。此時就輪到 0 登場了。0 的功用是**確保場所**，就像是支撐著上面的數位不讓它掉下來。

多虧「存在」用來表示「沒有」的 0，才能夠正確表達數目的意義。在進位計數法中，0 可說是不可欠缺的存在。

0 的功用：產生規律、簡化規則

在講解進位計數法時，出現了「0 次方」的表達方式，刻意將 1 寫成 10^0，讓進位計數法中各數位的大小能統一記為：

$$10^n$$

否則，就必須特別處理 1 這個數。使用 0 能夠產生規律，藉此規律來表達式子。

將各數位的數字由上位依序記為 a_n、a_{n-1}、a_{n-2}、……、a_2、a_1、a_0，則十進制的進位計數法可表示為：

$$\boxed{a_n \times 10^n} + \boxed{a_{n-1} \times 10^{n-1}} + \boxed{a_{n-2} \times 10^{n-2}} + \cdots + \boxed{a_2 \times 10^2} + \boxed{a_1 \times 10^1} + \boxed{a_0 \times 10^0}$$

進位計數法的各數位能統一寫成：

$$a_k \times 10^k$$

重點在於 a_k 的下標 k 與 10^k 的指數 k 相同。

將 $n=3$、$a_3=2$、$a_2=5$、$a_1=0$、$a_0=3$ 代入進位計數法的式子中，可得 2503。

使用 0 明確寫出「什麼都沒有」，就能夠簡化規則。在許多情況下，簡化能夠幫助解決問題。各位面對問題時，不妨思考能否明確表示「什麼都沒有」來尋找規律。

日常生活中的 0

在日常生活中，有時也可以看到用 0 表示「什麼都沒有」。

●沒有安排計畫的行程

我們會使用行事曆管理預定行程，在上頭填寫「文書工作」「出差」「研討會」等預定行程。那麼，相當於「0」的預定行程是什麼樣的行程呢？

例如，我們可以設定一個假想行程「空計畫」來表示「沒有安排計畫的行程」。在電腦的行事曆上檢索「空計畫」，就能夠找出有空閒的日子。如同尋找預定的行程，我們可以找到「沒有計畫」的行程。

另外，「不安排計畫的行程」也可想成是 0。事先在行事曆上填入「不安排計畫的行程」，就能預防生活全被工作埋沒。這跟進位計數法使用 0 來確保場所有幾分類似。

●沒有藥效的藥物

假設某病人必須規律服用某種膠囊藥物，每四天需停藥一天。換言之，需要反覆「服藥三天後休息一天」的循環。想要病人記住循環地持續服藥，是相當困難的事情。

　　因此，有人想出如下的點子：讓病人每天都服用膠囊藥物，但 4 粒膠囊裡面有 1 粒是「沒有任何效果」的假膠囊。若是能夠準備標有日期的藥盒，裡頭放入「今日藥物」就更好了（Fig.1-7）。

Fig.1-7　在標有日期的藥盒中放入「假膠囊」

　　如此一來，病人就不需要判斷「今天是不是服藥的日子？」多虧「沒有」藥效的藥物「存在」，才能產生「每天服用 1 粒膠囊」的簡化規則*。

　　這個假膠囊，發揮了如同進位計數法中「0」的功用。

人類的極限與結構的發現

回顧歷史的演變

　　現今我們理所當然地使用進位計數法的十進制，但其發展其實經歷了數千年的時間，涉及世界各地的文明。以下快速回顧跟數的表記法相關的歷史演變。

---

* 例如，口服避孕藥（迷你丸）是服藥 21 天、休息 7 天。28 錠一組的避孕藥中，有 7 天份是假藥（安慰劑），休息的日子也是繼續服藥。

　　古埃及人的表記法混合了五進制和十進制，分別使用記號來表示 5 和 10 的單元。然而，他們的表記法不是進位計數法，當然也沒有 0。古埃及人是將數字寫於莎草紙（Papyrus）上。

　　巴比倫尼亞人是在**黏土板**上刻畫楔形記號來計數，使用表示 1 和 10 兩種楔形計數到 59，根據記號的標記位置來表達 60^n 的數位，誕生混合十進制和六十進制的**進位計數法**。現代通用的 1 小時有 60 分、1 分鐘有 60 秒，就是受到巴比倫尼亞六十進制的影響。

　　希臘人不僅將數當作是實用的工具，還想從中發掘哲學的真理。他們將數和圖形、宇宙、音樂等聯想在一塊。

　　馬雅人計數時是從 0 開始算起，採用二十進制。

　　羅馬人是採用混合五進制和十進制的**羅馬數字**，將 5 統整為 V、將 10 統整為 X。同理，50、100、500、1000 分別記為文字 L、C、D、M。IV 為 4、IX 為 9、XL 為 40 等，將數字排列在左側表示減法，是後來才發明出來的表記法，在古代羅馬並不這樣使用。

　　印度人引進巴比倫尼亞的進位計數法，同時也清楚認識了 0 的概念，而且他們採用**十進制**。我們現在使用的 0、1、2、3、4、5、6、7、8、9，不稱為印度數字而稱為**阿拉伯數字**，可能是因為將印度數字傳至西歐的是阿拉伯學者。

　　光是如何表記數，就牽扯到了這麼多的國家、文明。

▍超越人類的極限

　　這邊稍微討論一下更根本的問題：**為什麼人類要發明數的表記法？**

　　羅馬數字會將 1、2、3 記為 I、II、III，4 記為 IIII 或者 IV。雖然 5 會記成 V，但感覺好像也可記為 IIIII，為什麼不這樣做呢？

　　答案顯而易見，**因為數目愈大會愈難處理**。例如，我們沒辦法立即看出 IIIIIIIII 和 IIIIIIIIII 哪一個比較多，但若寫成 X 和 XI 就能立刻比較出來。將 I 排成一長串，不便於表示較大的數。於是，先賢們發明「單元」來表示較大的數。

　　為了表達較大的數而發明「單元」的概念看似非常理所當然，但對我們來說，卻蘊藏了極為重要的啟發。若想要表達「十二」，XII 會比 IIIIIIIIIIII 來得便利，使用進位計數法的 12 又更為簡便。我們可從中得到什麼啟發呢？

　　那就是「將大問題拆解成小『單元』來解決」。

　　如何有效率地表達大數目，對古代人來說是非常重要的課題。對此，歷史演進得到的答案是十進制與進位計數法。由於人類的能力有限，所以必須花心思來彌補。如果人類對數具有更高的識別能力，或許就不會發明「單元」的數表記法。

　　現在人類可以向宇宙發射火箭、解析遺傳基因資訊、處理網路上交錯傳輸的資訊等，我們處理的數呈現爆炸性增長。結果，進位計數法也變得不充分，沒辦法立即看出 1000000000000 和 10000000000000 哪一個比較大。因此，指數的表達方式變得非常重要。

　　若寫成 10^{12} 和 10^{13}，一下子就能看出後者比較大。指數的表達方式統整了 0 的個數。

　　然而，問題並非僅有數的表記法，如今我們會使用電腦來處理規模大到無法徒手計算的問題，費盡心思編寫程式，盡可能在短時間內解決大規模的問題。「將大問題拆解成小『單元』來解決」的觀點，在現代仍然適用。「想要解決大問題，先拆解成數個小『單元』。若是該『單元』依然龐大，就再拆解成更小的『單元』。待規模足夠小，再來想辦法解決。」此手法即便到了現在還是很重要。在製作大程式時，通常也是拆解成複數的小程式（模組）來開發。

　　這邊介紹的「將大問題拆解成小『單元』來解決」，是本書的主題之一。這個主題會以不同的模樣出現在書中各處，請大家務必把它們一一找出來。

本章學到的東西

　　本章中，我們透過進位計數法討論 0 的功用。雖然 0 不具有實質的量，但發揮了填補位數的功用，多虧有 0 的存在才得以實現簡單的進位計數法。

　　另外，我們也學習了指數定律，特別討論 0 次方應該如何定義，從中了解「保持簡化規則來擴張概念」的重要性。

　　本章聚焦在 0 這個「單一數字」進行討論。從下一章開始，要來談「一分為二」的相關內容。

◉課後對話

學生：「樂譜的休止符也像是 0 嗎？」

老師：「是的。休止符明確表示了不要奏出聲響。」

學生：「0 與其說是『孔洞』更像是『填孔』，它能夠確保場所。」

老師：「沒錯。我們會稱之為占位符（placeholder）。」

學生：「占位符？」

老師：「占位符能夠產生規律，而規律可產生簡化的規則。」

學生：「原來如此。多虧 0 這個占位符，人類才能完成簡化的進位計數法。」

CHAPTER I

第 **2** 章

邏輯

——true 和 false 的二分法

TRUE

FALSE

◉ **課前對話**

技術員：「這座水壩系統在按下緊急按鈕<u>或</u>超過危險水位時，警鈴就會響。」

提問者：「這個『或』是互斥的嗎？」

技術員：「什麼意思？」

提問者：「就是說，在按下緊急按鈕<u>且</u>超過危險水位時，警鈴也會響嗎？」

技術員：「當然也會。」

　　　＊　　＊　　＊

發言者：「他目前在東京<u>或</u>大阪。」

提問者：「這個『或』是互斥的嗎？」

發言者：「什麼意思？」

提問者：「就是說，他有可能在東京<u>且</u>在大阪嗎？」

發言者：「不可能有這樣的事情。」

本章要學習的東西

在本章，我們來學邏輯的相關內容。

下面會先簡單討論，為何對程式設計師來說邏輯非常重要。接著，以公車票價為例，學習閱讀票價規則時應該注意什麼地方。然後，使用真值表、文氏圖、邏輯式、卡諾圖等，練習解析複雜的問題。最後，會介紹包含未定義值的三值邏輯。

為什麼邏輯重要？

邏輯是消除歧義的工具

我們平常使用的語言——自然語言——不管怎麼描述，都會存在歧義、不明確的地方。即便是上面「課前對話」中的「或」這個詞，也不只有一個意思。然而，規格說明書（記述製作什麼樣程式的文件）通常是以自然語言寫成。所以，程式設計師必須不被自然語言的歧義所迷惑，悉心閱讀規格說明書，判斷其正確的意思。

　　「邏輯」是一種工具，用來消除自然語言的歧義，嚴謹、正確地記述事物。例如，使用邏輯語言（邏輯式）來表達規格說明書，找出其中歧義的部分和矛盾的地方。另外，藉助邏輯的幫助，有時也能將複雜的規格說明書轉為容易理解的形式。

　　因此，程式設計師必須充分了解邏輯，磨練到能夠自由運用這項工具。

獻給排斥邏輯的人

　　對程式設計師來說，邏輯思考非常重要。程式的運行仰賴邏輯，不受人們的情感所左右。不管自己是高興還是難過，電腦總是邏輯地運行。無論多麼期望：「程式啊，給我跑出結果吧！」邏輯錯誤的程式也不會順利運行。相反地，無論多麼憂心：「這個程式能夠跑出結果嗎？」邏輯正確的程式，不論測試多少次都會順利運行。

　　許多人覺得：「邏輯是冰冷的、機械的、不靈活變通的。」的確，邏輯具有這些性質，但正因為如此才能帶來幫助。我們使用電腦來工作，人類是容易受到情感動搖、不穩定的生物，但電腦不一樣。正因為它是冰冷的、機械的、不靈活變通的，才能一直穩定工作。

　　程式設計師處於人類和電腦的交界，若能有邏輯地思考、有邏輯地表達，就能不被常識、情感所迷惑，作成準確的規格、程式。在完成程式之前，程式設計師必須不斷努力。不過，程式完成後，剩下就是電腦的工作了。

　　抽象的討論就到這邊，接著來看具體的問題。

乘車票價問題──沒有遺漏且互斥的分割

　　下面來學習邏輯的基本思維──「沒有遺漏且互斥的分割」。

公車票價規則

　　某公車公司 A 的乘車票價，如「票價規則 A」所示：

票價規則 A

乘客年齡為 6 歲以上	100 日圓
乘客年齡為未滿 6 歲	0 日圓

　　遵從票價規則 A，13 歲愛麗絲的乘車票價為 100 日圓，因為愛麗絲的年齡為 6 歲以上；4 歲鮑伯的乘車票價為 0 日圓，因為鮑伯的年齡為未滿 6 歲。那麼，6 歲查理的乘車票價為多少？因為查理的年齡為 6 歲以上，所以乘車票價為 100 日圓。6 歲以上的敘述包含了 6 歲。

　　到目前為止，沒有什麼困難的地方。

命題與真假

　　為了銜接後面的說明，以下先介紹幾個相關用語。

　　使用票價規則 A 查詢乘車票價時，會調查乘客年齡是否為 6 歲以上。能夠判斷是否正確的敘述，稱為命題（proposition）。例如，以下敘述能夠判斷是否正確，所以都是命題。

・愛麗絲（13 歲）的年齡為 6 歲以上。
・鮑伯（4 歲）的年齡為 6 歲以上。
・查理（6 歲）的年齡為 6 歲以上。

　　命題正確時，會稱該命題為「真」；不正確時，會稱該命題為「假」。真又可稱為 true；假又可稱為 false。

　　上述 3 個命題的真假如下：

・愛麗絲（13 歲）的年齡為 6 歲以上。　……真（true）命題
・鮑伯（4 歲）的年齡為 6 歲以上。　……假（false）命題
・查理（6 歲）的年齡為 6 歲以上。　……真（true）命題

　　命題只會有 true 或 false 其中一種情況。同時為 true 和 false 的敘述，或者同時不為 true 或 false 的敘述，皆不稱為命題。

　　使用票價規則 A 查詢乘車票價時，需要判斷「乘客年齡為 6 歲以上」的

命題真假。若命題為真，則乘車票價為 100 日圓；若命題為假，則乘車費用為 0 日圓。

在本小節，我們學到了命題、真（true）、假（false）等字詞。

沒有「遺漏」嗎？

閱讀第 26 頁的票價規則 A 時，需要確認一個重要問題：

沒有「遺漏」嗎？

票價規則 A「沒有遺漏」，能夠對任何乘客判斷「年齡為 6 歲以上」的真假。儘管不曉得有哪些人會乘坐公車，但每個人都有年齡，所以能夠判斷真假。

◆問題……存在遺漏的規則

請找出下述票價規則 B 的「遺漏」。

票價規則 B
（存在遺漏）

乘客年齡為超過 6 歲	100 日圓
乘客年齡為未滿 6 歲	0 日圓

◆問題的解答

遺漏了乘客年齡為 6 歲的情況。

票價規則 B 訂出了「超過 6 歲」和「未滿 6 歲」的票價，但沒有考慮到乘客「剛好 6 歲的情況」。因為存在這樣的「遺漏」，票價規則 B 不適合當作乘車票價的規則。

沒有「重複」嗎？

除了確認規則是否「遺漏」，還有一個問題也很重要：

沒有「重複」嗎？

例如，以票價規則為例，需要確認某乘客是否對應了兩種票價。

◆問題……**存在重複的規則**

請找出下述票價規則 C 的「重複」。

票價規則 C
（存在重複）

乘客年齡為 6 歲以上	100 日圓
乘客年齡為 6 歲以下	0 日圓

◆**問題的解答**

乘客為 6 歲的情況重複了。

票價規則 C 中，「6 歲以上的情況」和「6 歲以下的情況」兩者皆包含了 6 歲，所以此規則存在「重複」。因為 6 歲在兩種情況的票價不同，所以票價規則 C 不適當。

這裡要注意的重點是，重複的部分出現矛盾。若是如下的票價規則 D，雖然 6 歲情況的記述多餘，但沒有矛盾。

票價規則 D
（存在重複，但不矛盾）

乘客年齡為 6 歲以上	100 日圓
乘客年齡為 6 歲	100 日圓
乘客年齡為未滿 6 歲	0 日圓

畫出數線討論

檢查是否「遺漏」「重複」很重要。查詢乘車票價規則時，除了單純閱讀文字，不妨如下**畫出數線**。

Fig.2-1　票價規則 A 的數線

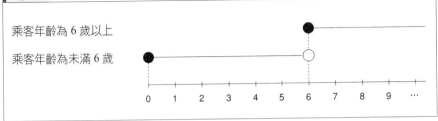

乘客年齡為 6 歲以上

乘客年齡為未滿 6 歲

0　1　2　3　4　5　6　7　8　9　…

在上圖中，「乘客年齡為 6 歲以上」敘述為真的年齡範圍，以　●──
圖形描述；敘述為假的年齡範圍，以●──○圖形描述。符號●表示包含該
點、符號○表示不含該點。畫出數線圖就容易檢查是否「遺漏」「重複」。

將存在「遺漏」的票價規則 B 轉為數線圖後，可知○發生重疊。

Fig.2-2　票價規則 B 存在「遺漏」

100 日圓

乘客年齡為 6 歲以上

0 日圓

乘客年齡為未滿 6 歲

0　　　　　　　　　6

存在「重複」的票價規則 C 則是●發生重疊。

Fig.2-3　票價規則 C 存在「重複」

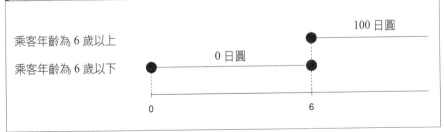

100 日圓

乘客年齡為 6 歲以上

0 日圓

乘客年齡為 6 歲以下

0　　　　　　　　　6

注意邊界

由數線可知，**注意邊界**非常重要。本章討論的票價規則，邊界為 0 歲和 6 歲。規格錯誤、程式錯誤經常發生在邊界，所以畫出數線討論時，要清楚表示包不包含邊界，不可畫出邊界不清楚的圖形（Fig.2-4）。

Fig.2-4　邊界不清楚的圖形沒有用處

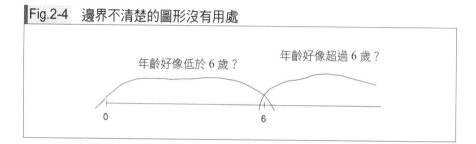

進行沒有遺漏且互斥的分割

考慮規則時，確認是否「遺漏」「重複」非常重要。

由沒有「遺漏」──沒有遺漏的（exhaustive），可明確該規則適用各種情況。

由沒有「重複」──互斥的（exclusive），可明確該規則沒有矛盾。

遇到大問題時，可將其分解為許多小問題來求解。此時，經常會使用沒有遺漏且互斥的分割。即便是難以求解的大問題，經由沒有遺漏且互斥的分割，能夠轉為容易求解的小問題。沒有遺漏且互斥的分割，又稱為 MECE（Mutually Exclusiveand Collectively Exhaustive：彼此獨立且互無遺漏）。

使用 if 敘述分割問題

假設我們得根據第 26 頁的票價規則A來「製作顯示乘車票價的程式」。這個課題可將「乘客年齡為 6 歲以上」分成「命題為真」和「命題為假」兩種情況（Fig.2-5）。

Fig.2-5　分割問題

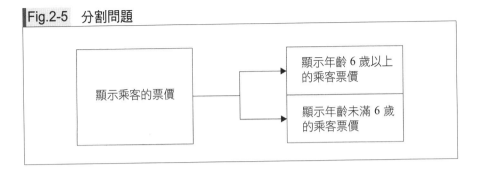

　　「顯示年齡 6 歲以上的乘客票價」的課題，可由票價規則 A 馬上得知「票價為 100 日圓」。

　　「顯示年齡未滿 6 歲的乘客票價」的課題，也可由票價規則 A 馬上得知「票價為 0 日圓」。

　　各位務必確實理解這項重點：將大問題「分割」成兩個小問題求解。

　　其實，像這樣根據「命題的真假」分割問題，就是程式中常用的 if 敘述。

```
if （乘客年齡為 6 歲以上）{
    顯示「票價為 100 日圓」
}else{
    顯示「票價為 0 日圓」
}
```

　　if 敘述正描述了「沒有遺漏且互斥的分割」。

邏輯的基本是二分法

　　關於前面的內容，可能有讀者會認為：「這不是理所當然的事嗎？」

　　熟練的程式設計師就算沒有意識到「沒有遺漏且互斥的分割」，也能編寫 if 敘述。他們能迅速作成條件式，一下子就寫完條件為真和為假時的處理。尤其是像上方的單純規則，轉眼間就能寫完 if 敘述的程式碼。

　　然而，我認為縱使程式設計師編寫了好幾十、好幾百個 if 敘述，每個都是單純的條件式，肯定也會在當中犯下失誤，產生程式錯誤（Bug）。

　　因此，即便是簡單的 if 敘述，我們也得意識「沒有遺漏且互斥的分割」來設計程式。本章所舉出的公車票價規則就是用來意識「遺漏」和「重複」的例子。

　　邏輯的基本表達就是，組合「沒有遺漏且互斥的分割」。雖然這僅是將世界一分為二，但不斷累積這樣的二分法，也能夠明確表達複雜的事物。

　　接著，我們來學習如何建構複雜的命題，及如何梳理求解。

建構複雜的命題

　　命題未必都是單純的。想要表達複雜的情況，必須建構複雜的命題。

　　例如，「乘客年齡為未滿 6 歲，且乘車日非星期日」就是稍微複雜的命題。這是組合「乘客年齡為未滿 6 歲」和「乘車日非星期日」兩個命題，由於「乘客年齡為未滿 6 歲，且乘車日非星期日」能夠判斷是否正確，的確可說是命題。

　　在本節，我們會討論組合命題作成新命題的方法。

否定命題──非 A

　　根據命題「乘車日是星期日」，可作出命題「乘車日非星期日」。作成命題「非……」的運算稱為**否定命題**，英文記為 not。

　　已知某命題 A，則 A 的否定邏輯式記為：

　　¬A（not A）*

●真值表

　　我們先來嚴謹定義「非A」，也就是¬A邏輯式的意義。由於文字說明可能出現歧義，所以下面使用**真值表**來討論（Fig.2-6）。

---

* ¬A 也可記為 $\overline{A}$。

Fig.2-6　以真值表定義運算子¬

A	¬A
true	false
false	true

A 為 true 時，¬A 為 false

A 為 false 時，¬A 為 true

此表是運算子¬的定義，描述：

· 命題 A 為 true 時，命題¬A 為 false。
· 命題 A 為 false 時，命題¬A 為 true。

由於命題 A 非 true 即 false，所以真值表包含了所有可能的情況。真值表不存在「遺漏」「重複」，表達了沒有遺漏且互斥的分割。

● 雙重否定變回原狀

否定重複兩次會變回原狀，命題「乘車日非星期日不可」相當於命題「乘車日是星期日」。

也就是說，¬¬A 和 A 等價。雖然「¬¬A 和 A 等價」感覺是理所當然的，但這能夠實際「證明」。該怎麼證明呢？我們可以使用真值表。

根據 A 的真假，決定¬A 的真假。決定¬A 的真假後，就能夠決定¬¬A 的真假。將其統整成真值表後，如 Fig.2-7 所示。

請比較左端直列（A）和右端直列（¬¬A）。A 值非 true 即 false，無論什麼情況，A 和¬¬A 皆為相同的值。因此，我們可說 A 和¬¬A 等價。

如此，真值表除了可用來描述運算子的「定義」，也可用來「證明」。

Fig.2-7	雙重否定變回原狀的證明

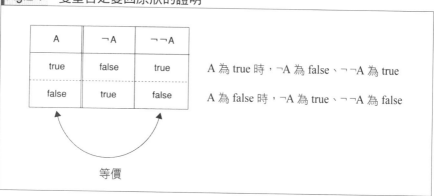

文氏圖

　　真值表是便利的工具，但有時無法立即從表格看出結論。然而，**文氏圖**（Venn diagram）卻能淺顯易懂地表達命題的真假。

　　Fig.2-8 是描述命題 A 與命題¬A 關係的文氏圖，請注意陰影的部分。

Fig.2-8	命題 A 與命題¬A 的文氏圖

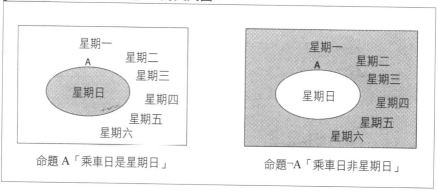

　　文氏圖是用來描述集合關係的圖形，外側的四方形表示整個集合，以本例來說，就是「所有星期數的集合」。假設命題 A 為「乘車日是星期日」，則內側的圓內部表示「星期日的集合」。換言之，該區域是「命題 A 為 true 的星期數集合」[*]。

　　那麼，假設四方形區域為「所有星期數的集合」、圓內部區域為「星期日的集合」，則去除此圓的剩餘部分是什麼呢？答案當然是「非星期日的星期數集合」，即「命題 A 為 false 的星期數集合」，或者「命題¬A 為 true 的星期數集合」。

　　比較這兩張文氏圖，便能直觀理解命題 A 和命題¬A 的關係。

邏輯積——A 且 B

　　組合「年齡為 6 歲以上」和「乘車日是星期日」兩個命題，可作出「年齡為 6 歲以上，且乘車日是星期日」的新命題。作成命題「A 且 B」的運算稱為邏輯積，英文記為 and。

　　命題「A 且 B」的邏輯式，記為：

　　A ∧ B （A and B）

　　A∧B 是「僅 A 和 B 皆為 true 時，結果才為 true」的命題。

●真值表

　　如同前面的做法，試著寫出 A∧B 的真值表（Fig.2-9）。這是運算子∧的定義。

Fig.2-9　運算子∧的定義

A	B	A ∧ B
true	**true**	**true**
true	false	false
false	true	false
false	false	false

僅 A 和 B 皆為 true 時，A∧B 才為 true

---

* 我們要先決定好乘車日為星期幾，才曉得「乘車日是星期日」為 true 或 false。此時，與其稱為命題，說成有關乘車日的條件更為適當。文氏圖在此意為，集結所有「乘車日是星期日」條件為真的乘車日集合。

因為命題包含 A 和 B 兩個成分，所以真值表有四行。A 可能為 true/false，B 也可能為 true/false，全部情況會有 2×2 共 4 種。如此一來，也是「沒有遺漏且互斥的分割」。

真值表 Fig.2-9 是「∧」的定義。雖然在向他人說明時，可簡單說成「僅 A 和 B 皆為 true 時，A∧B 才為 true」，但表示為真值表時，就必須寫出「全部情況」。

●文氏圖

以下來使用文氏圖表達 A∧B。分別畫出對應 A 和 B 兩命題的圓，用陰影表示兩圓重疊的部分。這個陰影部分會對應 A∧B，重疊的部分既在 A 圓的內部，也在 B 圓的內部。

Fig.2-10　A∧B 的文氏圖

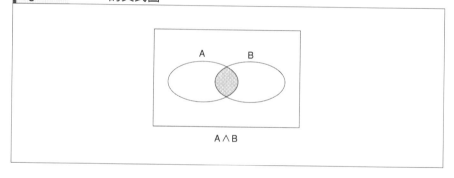

◆問題……畫出文氏圖

試畫出邏輯式¬（A∧B）的文氏圖。

◆問題的解答

¬（A∧B）的文氏圖如 Fig.2-11 所示。先如 Fig.2-10 畫出 A∧B 的文氏圖，再將陰影反轉，就是否定命題了。

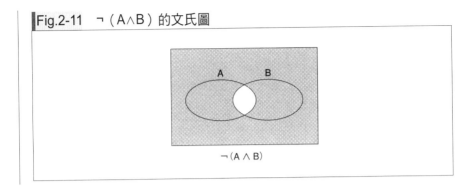

Fig.2-11　¬（A∧B）的文氏圖

¬（A ∧ B）

邏輯和──A 或 B

假設某間超市對「持有優惠券 A 或持有優惠券 B」的客人舉辦優惠活動，同時持有優惠券 A、B 的客人也可享有折扣。「持有優惠券 A 或持有優惠券 B」是組合「持有優惠券 A」和「持有優惠券 B」的命題。作成命題「A 或 B」的運算稱為**邏輯和**，英文記為 or。

命題「A 或 B」的邏輯式記為：

A∨B（A or B）

A∨B 是「A 和 B 至少有一個為 true 時，結果就會是 true」的命題。

●真值表

按照慣例寫出 A∨B 的真值表，這會是運算子∨的定義（Fig.2-12），由此真值表可知，A∨B 是僅有 A 和 B 皆為 false 時，結果才為 false，其餘皆為 true。

當出現「至少……」的字眼，通常使用否定命題來討論會比較容易理解。向他人說明運算子∨時，比起說成：

・A 和 B 至少有一個為 true 時，結果才為 true

下述的說法更為簡潔：

・僅 A 和 B 皆為 false 時，結果才為 false

Fig.2-12　運算子∨的定義

A	B	A ∨ B
true	true	true
true	false	true
false	true	true
false	**false**	**false**

僅 A 和 B 皆為 false 時，A∨B 才為 false

　　如同上述，真值表除了可用來「定義」「證明」，還有助找出更為簡潔的表達方式。

●文氏圖

　　試畫出 A∨B 的文氏圖（Fig.2-13）。

Fig.2-13　A∨B 的文氏圖

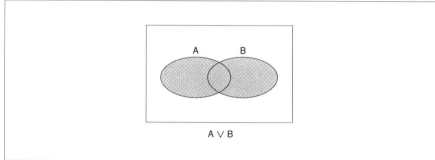

A ∨ B

　　畫出對應 A 和 B 兩個命題的圓，用陰影表示 A、B 的內部，當然 A 和 B 重合的部分也要畫上陰影。陰影部分對應 A∨B，因為陰影部分表示在 A 圓的內部或者在 B 圓的內部。

◆問題……畫出文氏圖

試畫出邏輯式（¬A）∨（¬B）的文氏圖。

◆問題的解答

文氏圖如 Fig.2-14 所示。

Fig.2-14　（¬A）∨（¬B）的文氏圖

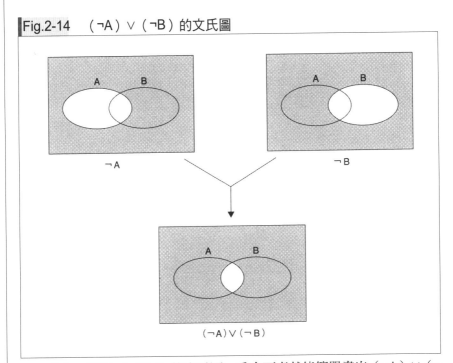

首先，畫出¬A 和¬B 的文氏圖，重合兩者就能簡單畫出（¬A）∨（¬B）的文氏圖。

各位有注意到第 37 頁的¬（A∧B）文氏圖（Fig.2-11）和（¬A）∨（¬B）文氏圖（Fig.2-14）是一致的嗎？這兩張文氏圖一致並非偶然。這是所謂的笛摩根定律，細節稍後再討論。

文氏圖一致意味著，¬（A∧B）和（¬A）∨（¬B）是等價的命題。邏輯式¬（A∧B）用文字描述會是「非『A 且 B』」；（¬A）∨（¬B）用文字描述會是「非 A 或非 B」，不容易注意到兩文句意思相同。但是，畫出文氏圖後，就能清楚看出兩者等價。

互斥邏輯和──A 或 B（但不都滿足）

假設由命題「他目前在東京」和命題「他目前在大阪」，組成命題「他目前在東京，或他目前在大阪」。這邊使用的「或」跟前面的邏輯和不太一樣，因為這邊是描述他僅會出現在東京和大阪其中一地，不可能同時出現在兩地。

「A 或 B（但不都滿足）」的運算稱為**互斥邏輯和**，英文記為 exclusive or。雖然跟邏輯和相似，但 A 和 B 皆為 true 時的結果不一樣。A 和 B 的互斥邏輯和是「A 和 B 僅有一個為 true 時，結果就會是 true，但兩個皆為 true 時會是 false」的命題。

其邏輯式記為：

$$A \oplus B$$

●真值表

由於 A⊕B 並不那麼直觀，所以下面使用真值表來討論。

Fig.2-15　運算子⊕的定義

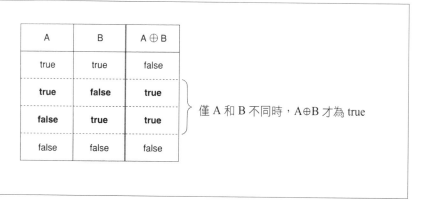

A	B	A ⊕ B
true	true	false
true	**false**	**true**
false	**true**	**true**
false	false	false

僅 A 和 B 不同時，A⊕B 才為 true

由此真值表可知，A⊕B 是「僅 A 和 B 不同時，結果才為 true」。

●文氏圖

試畫出 A⊕B 的文氏圖。

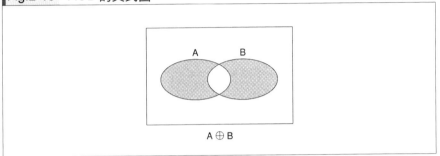

Fig.2-16　A⊕B 的文氏圖

A ⊕ B

畫出對應 A 和 B 兩命題的圓，用陰影表示 A、B 的內部，但 A 和 B 重合的部分不畫上陰影。此時，陰影的部分會對應 A⊕B。

●電路圖

互斥邏輯和A⊕B也可如Fig.2-17用電路來表達。這個電路有一個電池、燈泡及 A 和 B 兩個開關。各開關分別連接兩處端子，規定連接上面為 true、連接下面為 false。

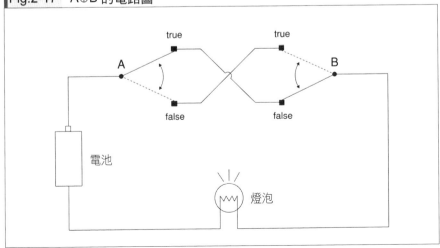

Fig.2-17　A⊕B 的電路圖

如此一來，我們可根據 A 和 B 的 true/false 組合，來點亮或者熄滅燈泡。假設燈泡點亮為 true、熄滅為 false，則電路正好對應 A⊕B，僅兩開關值不同時，才會點亮燈泡。

等價——A 和 B 等價

已知有兩個命題 A、B，則「A 和 B 等價」也會是一個命題。本書會將「A 和 B 等價」的邏輯式記為：

　　A = B

= 是表示「等價」的運算子*。

● 真值表

寫出真值表來定義運算子 =。

Fig.2-18　運算子 = 的定義

A	B	A = B	
true	**true**	**true**	A 和 B 皆為 true 時，A = B 為 true
true	false	false	
false	true	false	
false	**false**	**true**	A 和 B 皆為 false 時，A = B 為 true

● 文氏圖

試畫出 A = B 的文氏圖（Fig.2-19）。

畫出對應 A 和 B 兩命題的圓，用陰影表示兩圓的外側，A 和 B 重合的部分也畫上陰影。此時，陰影的部分會對應 A = B。兩圓的外側表示 A 和 B 皆

---

* A = B 有時會寫成 A≡B。

為 false 的區域，A 和 B 重合的部分表示 A 和 B 皆為 true 的區域。

Fig.2-19　文氏圖

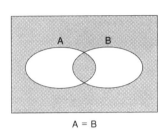

A = B

◆問題……互斥邏輯和的否定

　　請簡化表達邏輯式 ¬（A⊕B）（互斥邏輯和的否定）。

◆問題的解答

　　答案是 A＝B。

　　比較 A⊕B 的文氏圖（Fig.2-16）和 A＝B 的文氏圖（Fig.2-19），陰影部分正好相反過來。換言之，A⊕B 的否定邏輯式會是 A＝B，由此可知，¬（A⊕B）等價於 A＝B。

順便一提，「¬（A⊕B）等價於 A＝B」也是一個命題，可記為：

　　（¬(A⊕B)）＝（A＝B)

　　此命題不受 A 和 B 的真假影響恆為 true，這種恆為 true 的命題稱為恆真命題。

蘊含──若 A 則 B

　　接著來介紹「若…則…」的運算。若不熟悉會覺得非常難理解，所以前面僅是大致瀏覽的讀者，在這邊請放慢速度仔細閱讀。

　　跟「或」「且」不一樣，「若…則…」感覺不太像是運算。然而，由 A 和 B 兩命題作成的「若 A 則 B」，是能夠判定真假的命題。例如，已知命題

A 為「乘客年齡為 10 歲以上」、命題 B 為「乘客年齡為 6 歲以上」,則命題「若 A 則 B」為真。因為若乘客年齡為 10 歲以上,則該位乘客年齡當然也是 6 歲以上。

命題「若 A 則 B」稱為蘊含(implication),邏輯式記為:

A⇒B

A⇒B 是一個由 A 和 B 兩命題作成的命題。那麼,其定義為何呢?按照慣例,使用真值表來定義。

●真值表

A⇒B 看似簡單,卻是容易出錯的運算。請仔細閱讀Fig.2-20 的真值表。

Fig.2-20　運算子⇒的定義

A	B	A ⇒ B
true	true	true
true	**false**	**false**
false	true	true
false	false	true

A 為 true 時,A⇒B 僅在 B 為 false 時為 false

A 為 false 時,A⇒B 恆為 true

此真值表有跟你想像中的「若 A 則 B」一致嗎?

仔細閱讀真值表,首先可知「A⇒B為false的情況,僅發生在A為true、B為fasle的時候」,這能夠直觀理解。如果作為前提的 A 為 true,而 B 卻為 false,則「若 A 則 B」的主張不成立。因此,A 為 true、B 為 false 時,A⇒B 會是 false。

需要注意的地方是真值表下面兩行,即「A 為 false 的情況」。A 為 false 時,無關 B 的真假,A⇒B 皆為 true。換言之,**若前提條件 A 為 false,「若 A 則 B」的值不受 B 的真假影響會是 true**。

這是「若…則…」的邏輯定義。

因此，「若A則B」存在下述兩種情況：

⑴若 A 為 true，則 B 為 true。或者，若 A 為 false，則 B 為 false。

⑵若 A 為 true，則 B 為 true。但是，若 A 為 false，則 B 為 true/false 都
　行。

邏輯上會區分這兩種情況：⑴是指 A＝B；⑵是指 A⇒B。

●文氏圖

根據真值表（Fig.2-20）來畫 A⇒B 的文氏圖。

除了 A 為 true、B 為 false 的區域以外，全部用陰影表示。A 為 true 且 B
為 false 的區域，也就是「A的內部但不是B內部的區域」不畫上陰影。簡言
之，文氏圖會如 Fig.2-21 在 A 的外部和 B 的內部畫上陰影。

Fig.2-21　A⇒B 的文氏圖

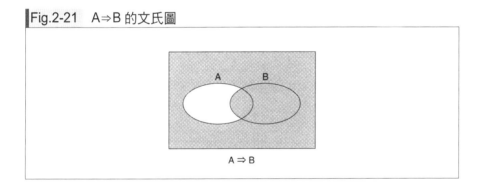

●陷阱邏輯

Fig.2-21 的文氏圖確實與「若…則…」的真值表一致。不過，應該少有
人會直接認同：「嗯，這確實是『若…則…』的文氏圖。」

請試著如下思考。

Fig.2-21 的文氏圖是由上空俯瞰某土地的圖形，陰影部分是用混凝土鋪
成；白色部分是深不見底的「陷阱」。想要不落入陷阱，必須站在混凝土上。

在這樣的狀況下，可說「若安全地站在 A 的範圍內，則會是站在 B 的範
圍內」，否則就會掉落陷阱內。換言之，Fig.2-21 的文氏圖是，為了將敵人
逼到「若要待在 A 當中，則必須待在 B 的範圍內」的困境而挖掘的陷阱。

◆問題……畫出文氏圖

試畫出邏輯式（¬A）∨B 的文氏圖。

◆問題的解答

答案如 Fig.2-22 所示。

Fig.2-22　（¬A）∨B 的文氏圖

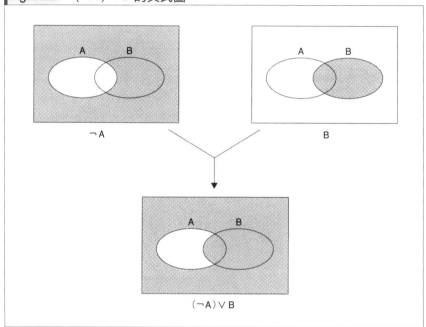

（¬A）∨B

由此文氏圖（Fig.2-22）可知，跟前面 A⇒B 的文氏圖（Fig.2-21）相同。換言之，A⇒B 等價於（¬A）∨B。

「若 A 則 B」等價於「非 A 或 B」，可由陷阱邏輯（第 45 頁）反向思考來理解。

・若不踏入 A 的範圍，則絕對不會落入陷阱。因為僅有 A 存在陷阱。
・或者只要待在 B 的範圍，則絕對不會落入陷阱。因為 B 不存在陷阱。

換言之，若能確保「不踏入 A 的範圍，或待在 B 的範圍」，則絕對不會落入陷阱。這正是在說「若要待在 A 當中，則會在 B 的範圍內」。

◆問題……逆命題

試畫出邏輯式 B⇒A 的文氏圖。

◆問題的解答

B⇒A 簡單說就是（¬B）∨A，所以文氏圖如 Fig.2-23 所示。

Fig.2-23　B⇒A 的文氏圖

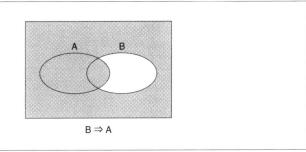

邏輯式 B⇒A 的文氏圖（Fig.2-23），與邏輯式 A⇒B 的文氏圖（Fig. 2-22）不一致。這表示即便 A⇒B 為真，B⇒A 也未必為真。在邏輯學上，B⇒A 稱為 A⇒B 的**逆命題**。換句話說，「逆命題未必為真」。

◆問題……逆反命題

試畫出邏輯式（¬B）⇒（¬A）的文氏圖。

◆問題的解答

A⇒B 是（¬A）∨B，也就是「寫於⇒左側式子的否定命題」和「寫於⇒右側的式子」取邏輯和∨。由此可知，（¬B）⇒（¬A）會是¬（¬B）∨（¬A），所以（¬B）⇒（¬A）的文氏圖如 Fig.2-24 所示。

　　邏輯式（¬B）⇒（¬A）的文氏圖（Fig.2-24），與邏輯式 A⇒B 的文氏圖（Fig.2-21）相同。換言之，A⇒B 等價於（¬B）⇒（¬A）。

　　（¬B)⇒(¬A)

　　這稱為 A⇒B 的**逆反命題**。若原邏輯式為真，則逆反命題也為真；若原邏輯式為假，則逆反命題也為假。

Fig.2-24　（¬B）⇒（¬A）的文氏圖

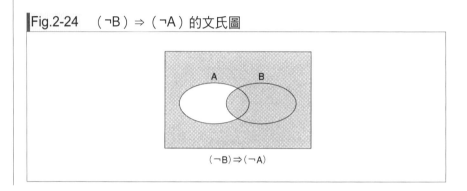

這些就是全部了嗎？

　　我們在前面學到下述的複合邏輯式：

　　¬A
　　A∧B
　　A∨B
　　A⊕B
　　A = B
　　A⇒B

　　這些是常用的邏輯式，但不是所有的邏輯式。A 和 B 的 true/false 組合，如下共有 2×2＝4 種。

　　A = true,　B = true
　　A = true,　B = false
　　A = false,　B = true
　　A = false,　B = false

與這四種組合對應，運算又分別有 true/false 兩種結果。換言之，兩命題組合而成的運算子會有 $2^4 = 16$ 種。

機會難得，下面列出了所有組合的真值表（Fig.2-25）。

Fig.2-25　A 和 B 組成的所用運算真值表

									A⊕B							A⇒B		
A	B	恆為false	A∧B	A∧(¬B)	A	(¬A)∧B	B	¬(A=B)	A∨B	¬(A∨B)	A=B	¬B	A∨(¬B)	¬A	(¬A)∨B	¬(A∧B)	恆為true
true	true	false	true	false	true	false	true	false	true	false	true	false	true	false	true	false	true
true	false	false	false	true	true	false	false	true	true	false	false	true	true	false	false	true	true
false	true	false	false	false	false	true	true	true	true	false	false	false	false	true	true	true	true
false	false	false	false	false	false	false	false	false	false	true	true	true	true	true	true	true	true
		0	1	2	3	4	5	6	7	8	9	10	11	12	13	14	15

◆問題……發掘規則性

Fig.2-25 的真值表乍看之下會覺得是胡亂排列，但其實當中隱含規則性，試找出其規則性。

◆問題的解答

令真值表的 false 為 0、true 為 1，則從左端開始每一直列會是 0、1、2、……、15 的二進制數。

例如最左端（第 0 列）的「恆為 false」，由下依序為 false、false、false、false，相當於二進制的 0000。第七列的「A∨B」，由下依序為 false、true、true、true，相當於二進制的 0111。

如同上述，使用二進制數就能順利作出沒有「遺漏」和「重複」的表格。

笛摩根定律

在本節，我們來學習笛摩根定律。笛摩根定律是用來理解∧和∨關係的便利法則。透過此定律，能夠相互轉換使用∧的式子和使用∨的式子。

什麼是笛摩根定律？

（¬A）∨（¬B）可改寫為¬（A∧B）；（¬A）∧（¬B）可改寫為¬（A∨B），這稱為**笛摩根定律**（de Morgan's laws）。笛摩根定律能夠寫成如下的邏輯式：

$$(\lnot A) \lor (\lnot B) = \lnot (A \land B)$$
$$(\lnot A) \land (\lnot B) = \lnot (A \lor B)$$

用文字描述如下：

　　「非 A」或「非 B」等價於非「A 且 B」。

　　「非 A」且「非 B」等價於非「A 或 B」。

光由文字敘述可能不好理解，但我們可寫出真值表（Fig.2-26）、畫出文氏圖（Fig.2-11 和 Fig.2-14）確認其正確性。

Fig.2-26　以真值表確認笛摩根定律

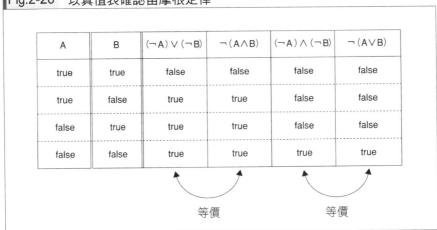

A	B	(¬A) ∨ (¬B)	¬ (A∧B)	(¬A) ∧ (¬B)	¬ (A∨B)
true	true	false	false	false	false
true	false	true	true	false	false
false	true	true	true	false	false
false	false	true	true	true	true

等價　　　　　等價

對偶性

了解邏輯式的**對偶性**（duality）有助於記憶笛摩根定律。

在某邏輯式中分別交換 true 和 false、A 和¬A、∧和∨，就能作出否定整個命題的邏輯式。

true　　⟷　　false
A　　　⟷　　¬A
∧　　　⟷　　∨

以邏輯式 A∧B 為例，分別交換「A 和¬A」「∧和∨」「B 和¬B」後，可作成邏輯式（¬A）∨（¬B）（適當補上括號）。邏輯式（¬A）∨（¬B）等價於原邏輯式 A∧B 的否定命題，也就是¬（A∧B）。

$$(\neg A) \vee (\neg B) = \neg (A \wedge B)$$

這正是所謂的笛摩根定律。

透過對偶性擺弄邏輯式，可更加熟悉邏輯的轉換。

卡諾圖

前面學習了邏輯式、真值表與文氏圖，以下介紹用來整理複雜邏輯式的工具──卡諾圖。

兩燈遊戲

假設你正在玩一款遊戲，畫面上有藍色和黃色兩盞電燈，兩燈都在閃爍。

在兩燈遊戲中，必須遵從規則快速按下遊戲機的按鈕。你能將下述複雜的規則整理得簡單一些嗎？

【兩燈遊戲的規則】

若滿足下述其中一種情況，則按下按鈕：

a 藍燈熄滅、黃燈點亮。
b 藍燈熄滅、黃燈熄滅。
c 藍燈點亮、黃燈點亮。

Fig.2-27　兩燈遊戲

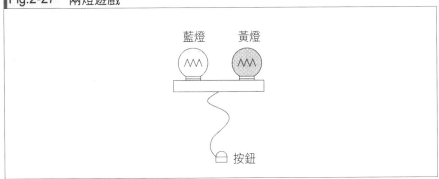

先用邏輯式討論

整理規則時，不要僅在腦中思考，而是要直接將已知的規則**寫成邏輯式**來討論。首先，將兩基本命題稱為 A、B：

・命題 A「藍燈點亮」
・命題 B「黃燈點亮」

使用 A 和 B 改寫兩燈遊戲的規則，按下按鈕的情況會是下述 a 、 b 和 c 的邏輯和。

ⓐ $(\neg A) \wedge B$
ⓑ $(\neg A) \wedge (\neg B)$
ⓒ $A \wedge B$

換言之，按下按鈕的情況會是下述邏輯式為真的時候。

$$((\lnot A) \land B) \lor ((\lnot A) \land (\lnot B)) \lor (A \land B)$$

ⓐ　　　　　　　ⓑ　　　　　　ⓒ

但是，這樣還是一樣難懂，根本不可能邊看電燈點滅，邊判斷此邏輯式的真假。

於是，輪到卡諾圖登場。

▎卡諾圖

卡諾圖（Karnaugh Map）是以二維圖形表示全部命題的真假組合。

以下來使用卡諾圖表達兩燈遊戲。

- ・命題 A「藍燈點亮」
- ・命題 B「黃燈點亮」

首先，做出對應命題 A、B 所有真假組合的圖形。然後，再於應該按下按鈕的組合上打勾（Fig.2-28）。

▎Fig.2-28　兩燈遊戲的卡諾圖（打勾）

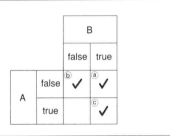

打勾後，使用下述方格來圈選卡諾圖中相鄰打勾的方格。

- ・1×1 的方格
- ・1×2 的方格
- ・1×4 或 2×2 的方格
- ・4×4 的方格

盡可能大範圍圈選，其中方格可相互重疊（Fig.2-29）。

在 Fig.2-30，是以圓角虛線的長方形來圈選。

Fig.2-29 圈選相鄰打勾的方格

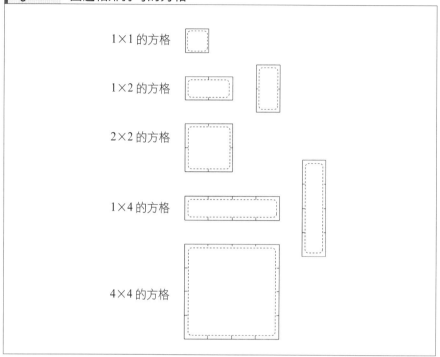

1×1 的方格

1×2 的方格

2×2 的方格

1×4 的方格

4×4 的方格

Fig.2-30 兩燈遊戲的卡諾圖（圈選方格來討論邏輯式）

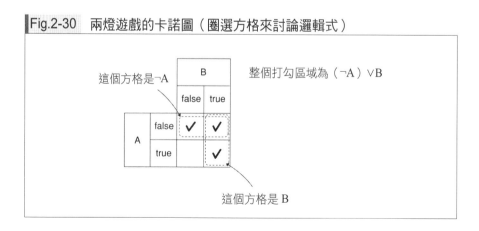

這個方格是¬A

整個打勾區域為（¬A）∨B

這個方格是 B

圈選所有打勾後，接著討論各方格的邏輯式（Fig.2-30）：

　　‧橫長方格是 A 為 false 的區域，所以表示¬A。
　　‧縱長方格是 B 為 true 的區域，所以表示 B。

因此，整個打勾區域是（¬A）∨B。

換言之，在兩燈遊戲中，看到「藍燈熄滅（¬A）」或「黃燈點亮（B）」時，按下按鈕就行了。

藉由畫出卡諾圖，可知（（¬A）∧B）∨（（¬A）∧（¬B））∨（A∧B）等價於（¬A）∨B。使用卡諾圖可簡化邏輯式，相當便利。

三燈遊戲

這次將電燈增為三盞。

【三燈遊戲的規則】

若滿足下述其中一種情況，則按下按鈕：

　　a 藍燈熄滅、黃燈熄滅、紅燈熄滅。
　　b 黃燈熄滅、紅燈點亮。
　　c 藍燈熄滅、黃燈點亮。
　　d 藍燈、黃燈、紅燈皆點亮。

電燈變成藍、黃、紅三種顏色（Fig.2-31）。

若複雜到這種程度，就不可能僅在腦中整理，可試著使用卡諾圖（FIg.2-32）。先假設：

　　‧命題 A「藍燈點亮」
　　‧命題 B「黃燈點亮」
　　‧命題 C「紅燈點亮」

作出對應 A、B、C 的 true/false 表格，在「按下按鈕的情況」打勾。這次有三個命題，所以表的方格共有 $2^3 = 8$ 格。

Fig.2-31　三燈遊戲

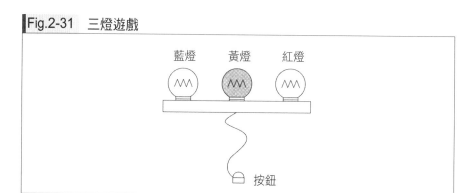

Fig.2-32　三燈遊戲的卡諾圖（打勾）

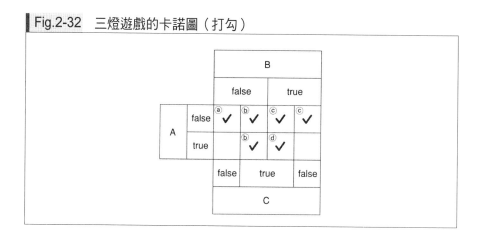

注意 B 和 C 的 false/true 邊界錯開了。藉由這樣錯開，8 個方格才能表達出所有情況。

打勾後，跟剛才一樣用方格盡可能大範圍圈選（Fig.2-33）。

圈選完所有打勾後，分別討論各方格的邏輯式。

　　・橫長方格是 A 為 false 的區域，所以表示¬A。

　　・中央方格是 C 為 true 的區域，所以表示 C。

由此可知，打勾區域是（¬A）∨C。

三燈遊戲的規則看似非常複雜，但可像這樣使用卡諾圖來簡化，令人吃驚吧！

Fig.2-33 三燈遊戲的卡諾圖（圈選方格來討論邏輯式）

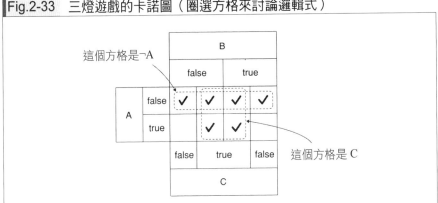

由得到的邏輯式（¬A）∨C 可知，在三燈遊戲中，看到「藍燈熄滅（¬A）」或「紅燈點亮（C）」時，按下按鈕就行了。

邏輯式沒有出現 B，可知在判斷是否按壓按鈕時，不需要顧慮黃燈。

卡諾圖能夠用於邏輯式的簡化、邏輯電路的設計等。

含有未定義的邏輯

前面學習了邏輯的基本內容，邏輯是僅用真（true）和假（false）兩值作運算，而命題的值非真即假。

接著來討論程式。程式會因錯誤而終止、暴走、陷入無限迴圈、拋出異常等，經常發生**得不到 true 或者 false** 的情況。

為了表達這類「得不到值」的情況，除了 true 和 false，另外導入 undefined 這個值。undefined 意為「未定義」。

true　　　真
false　　　假
undefined　未定義

後面來討論使用 true、false、undefined 的**三值邏輯**。

在程式設計中，經常出現包含未定義的邏輯。下面來討論包含未定義邏輯的

- ‧條件邏輯積
- ‧條件邏輯和
- ‧否定
- ‧笛摩根法則

▌條件邏輯積（&&）

本小節來思考三值邏輯中的邏輯積（**條件邏輯積**）（conditional and, short-circuit logical and），我們會使用運算子&&來表達 A 和 B 的條件邏輯積：

A&&B

按照慣例，一樣使用真值表來定義運算子&&。但跟前面不太一樣的是，這邊使用 true/false/undefined 三種值（Fig.2-34）。

由真值表可知：

- ‧不含 undefined 的橫行，與邏輯積 A∧B 等價；
- ‧ A 為 true 時，A&&B 等價於 B；
- ‧ A 為 false 時，A&&B 恆為 false；
- ‧ A 為 undefined 時，A&&B 恆為 undefined。

各行從左邊讀起，若將undefined想成「電腦暴走」，馬上就能理解上面的結論。

‧ A 為 true 時，調查 B 的值。B 的結果會是 A&&B 的結果。

‧ A 為 false 時，不用調查 B 的值，A&&B 直接會是 false。

‧ A 為 undefined 時，因為電腦暴走，不用調查 B 的值，A&&B 的結果直接會是 undefined。

這個&&與 C、Java 程式語言的運算子&&意思相同。

我們來討論如下的程式。

```
if (A&&B){
    ......
}
```

Fig.2-34　運算子&&的定義

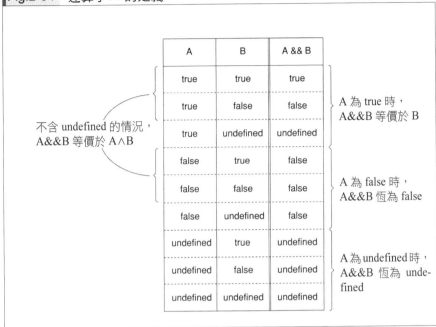

A 為 false 時，A&&B 肯定為 false；A 為 true 時，A&&B 的值等於 B 的值。也就是說，A&&B 可視為根據 A 條件來判斷是否調查 B 值的運算（條件邏輯積）。程式碼等同於

```
if (A) {
    if (B) {
        ...
    }
}
```

A&&B 不等價於 B&&A，也就是交換律不成立。
運算子&&的用法如下：

```
if (check() && execute()) {
    ...
}
```

此時，若函數 check() 的值為 false，就不執行 execute()。

條件邏輯和（||）

同樣地，我們來討論三值邏輯中的邏輯和（條件邏輯和），我們會使用運算子 || 來表達 A 和 B 的條件邏輯和（Fig.2-35）：

  A || B

Fig.2-35　運算子 || 的定義

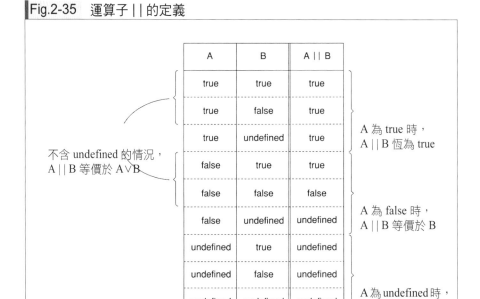

A 為 true 時，A || B 肯定為 true；A 為 false 時，A || B 的值等於 B 的值。換言之，

```
if (A || B) {
    ...
}
```

這個程式等同於

```
if (A) {
    ...
} else {
    if (B) {
        ...
    }
}
```

三值邏輯的否定（!）

三值邏輯的否定是以！來表達。換言之，A 的否定（Fig.2-36）記為：

　　!A

Fig.2-36　運算子！的定義

A	!A
true	false
false	true
undefined	undefined

不含 undefined 的情況，
! A 等價於¬A

A 為 undefined 時，
! A 也為 undefined

三值邏輯的笛摩根定律

三值邏輯中的邏輯積、邏輯和以及否定也適用笛摩根定律。我們試著使用真值表來驗證，看看下述兩式是否成立（Fig.2-37）。

$$(!A) \mid\mid (!B) = !(A \&\& B)$$
$$(!A) \&\& (!B) = !(A \mid\mid B)$$

Fig.2-37　三值邏輯的笛摩根定律

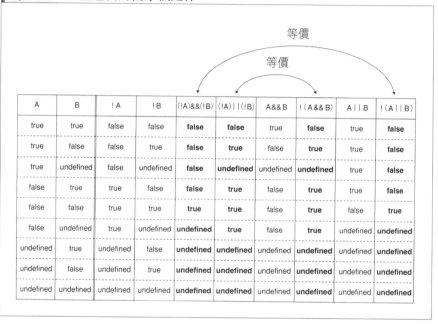

A	B	!A	!B	(!A)&&(!B)	(!A)||(!B)	A&&B	!(A&&B)	A||B	!(A||B)
true	true	false	false	**false**	**false**	true	**false**	true	**false**
true	false	false	true	**false**	**true**	false	**true**	true	**false**
true	undefined	false	undefined	**false**	**undefined**	undefined	**undefined**	true	**false**
false	true	true	false	**false**	**true**	false	**true**	true	**false**
false	false	true	true	**true**	**true**	false	**true**	false	**true**
false	undefined	true	undefined	**undefined**	**true**	false	**true**	undefined	**undefined**
undefined	true	undefined	false	**undefined**	**undefined**	undefined	**undefined**	undefined	**undefined**
undefined	false	undefined	true	**undefined**	**undefined**	undefined	**undefined**	undefined	**undefined**
undefined	undefined	undefined	undefined	**undefined**	**undefined**	undefined	**undefined**	undefined	**undefined**

由真值表可知，笛摩根定律在三值邏輯也成立。

使用笛摩根定律，if 敘述可如下變形：

```
if (!(x >= 0 && y >= 0)) {
    ...
}
        ↓
if (x < 0 || y < 0) {
    ...
}
```

這些就是全部了嗎？

處理 true/false/undefined 的邏輯運算子全部共有 3^9 個，本節沒有全部列舉出來，僅介紹了程式設計中常用的&&、||和！。

本章學到的東西

本章中我們使用了邏輯式、真值表、文氏圖、卡諾圖求解複雜的邏輯。

Fig.2-38　邏輯的各種表達法

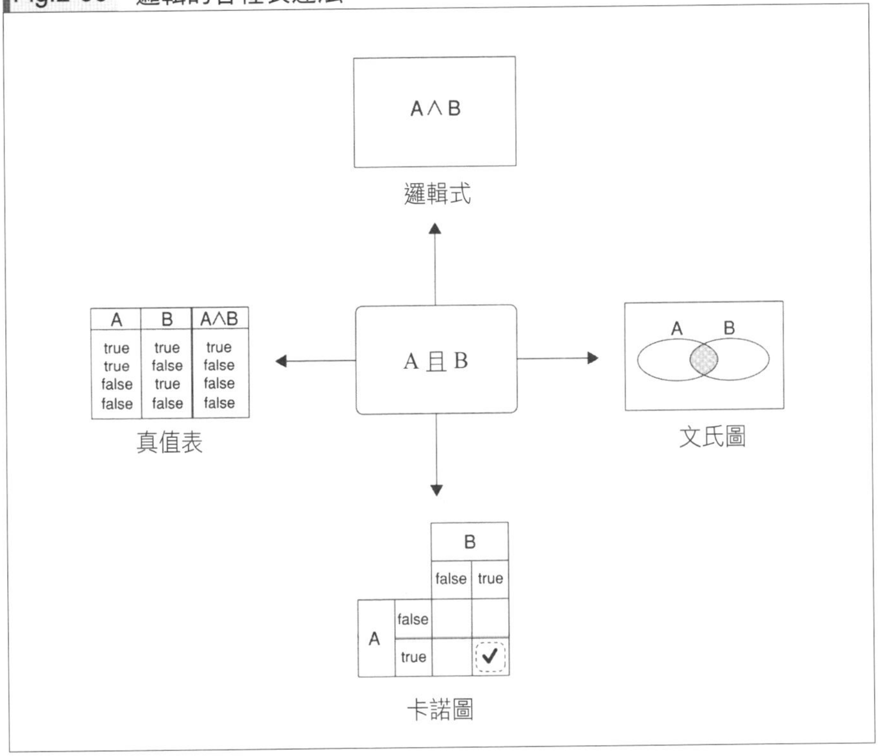

Fig.2-39　使用邏輯簡化規則

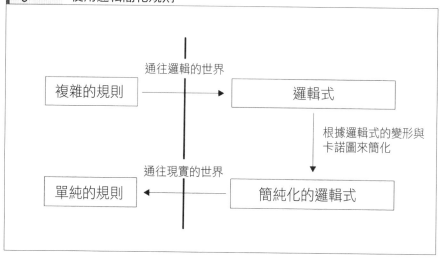

本章也介紹了處理未定義值的三值邏輯。

在邏輯上，「沒有遺漏且互斥的分割」極為重要，普通邏輯的基礎是「二分法」；三值邏輯的基礎是「三分法」。

在下一章，會深入學習「分群」的相關內容。

⊙課後對話

老師：「if 敘述是對世界進行二分法。」

學生：「二分法？」

老師：「是的。分成條件成立的世界，和條件不成立的世界。」

第 **3** 章

剩餘
——週期性與分群

⊙ 課前對話

老師:「什麼是奇數?」

學生:「1、3、5、7、9、11 等。」

老師:「是的。奇數是除以 2 **餘數**為 1 的整數。那麼,偶數呢?」

學生:「2 能夠整除的數。」

老師:「沒錯。偶數是除以 2 **餘數**為 0 的整數。」

學生:「這有什麼問題嗎?」

老師:「除法就像是在分群。」

學生:「分群?」

老師:「根據餘數為多少來決定分至哪一個群組。」

本章要學的東西

在本章,我們會學習剩餘的相關內容。

所謂的剩餘,指的是除法計算中的「餘數」。我們在小學時就反覆練習 +、−、×、÷ 的計算。與此相對,剩餘僅在除法計算時出現。然而,在數學、程式設計上,剩餘的計算其實扮演了重要的角色。

本章會透過幾道問題,了解「剩餘就是分群」這件事。若能使用剩餘有效地分群,困難的問題也能迎刃而解。另外,也會學習跟剩餘相關的同位(parity:奇偶性)。同位是檢驗通訊錯誤時會使用的重要概念。

星期數問題(1)

問題(100 天後是星期幾?)

今天是星期日,試問 100 天後是星期幾?

問題的解答

一個禮拜有 7 天,每隔 7 天會是相同的星期數。已知今天是星期日,則 7 天後、14 天後、21 天後等(7 的倍數天後)全都是星期日。98 是 7 的倍

數，所以 98 天後也是星期日。因此，

> 98 天後……星期日
> 99 天後……星期一
> 100 天後……星期二

由此可知，100 天後是星期二。

使用剩餘來討論

上述問題使用剩餘（餘數）來計算，會得到相同的結果。

現在，將 0、1、2、……、6 等數分別對應星期日、星期一、星期二、……、星期六。

0	1	2	3	4	5	6
日	一	二	三	四	五	六

已知今天是星期日，100 天後會是「100 除以 7 時的剩餘」對應的星期數。

$$100 \div 7 = 14 \text{ 餘 } 2$$

所以，100 天後會是星期二。

剩餘的力量──僅需除一次就能將大數分群

求 100 天後是星期幾的問題，即便不使用剩餘來討論，「今天是星期日、1 天後是星期一、2 天後是星期二、3 天後是……」依序數到 100 天，也能夠求出答案。因為 100 不是非常大的數。

然而，如果問題是「試問 **1 億天後**是星期幾？」就不可能依序計數來求解。即便 1 秒數 1 次，數到 1 億需要耗費 3 年以上。

但若使用剩餘，馬上就能求出 1 億天後是星期幾。

> **1 億天後：**
> $$100000000 \div 7 = 14285714 \text{ 餘 } 2$$

餘數為 2，所以 1 億天後是星期二。

n 天後是星期幾？可用 n 除以 7 的剩餘來求解問題。因為**星期數是以 7 為週期反覆循環**。

當遇到不好直接計算的大數，若能找出循環規律──**週期性**，就能用剩餘的力量來制服大數。

Fig.3-1　使用剩餘求星期數

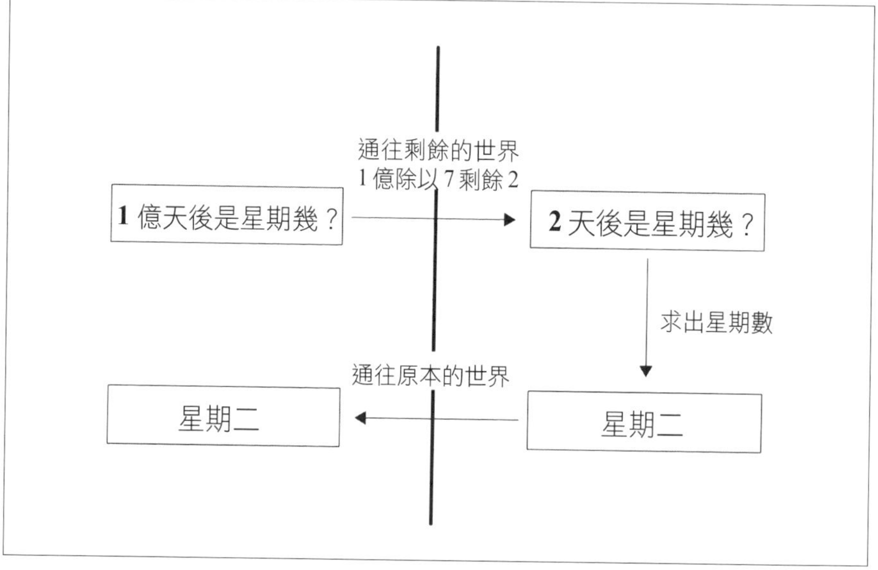

星期數問題(2)

這次來挑戰稍微困難的星期數問題。

問題（10^{100} 天後是星期幾？）

今天是星期日，試問 10^{100} 天後*是星期幾？

---

* 10^{100} 是指，10000000000 0000000000 0000000000 0000000000 0000000000 0000000000 0000000000 0000000000 0000000000 0000000000 的數（0 並排 100 個）。

提示：能夠直接計算嗎？

如同求解 100 天後是星期幾，若可用 10^{100} 除以 7 求剩餘就好了，但如此龐大的數難以計算，即便使用計算機也很難完成。

星期數問題⑴是利用星期數的週期性求解，星期數問題⑵是否也有週期性呢？請找出循環的規律。

問題的解答

我們不會用 10^{100} 直接作計算，而是從 1、10、100、1000、10000、⋯⋯ 逐次增加的 0 個數，來觀察是否具有週期性。

0 的個數				
0	1 天後	$1 \div 7 = 0$　餘 1	→	星期一
1	10 天後	$10 \div 7 = 1$　餘 3	→	星期三
2	100 天後	$100 \div 7 = 14$　餘 2	→	星期二
3	1000 天後	$1000 \div 7 = 142$　餘 6	→	星期六
4	10000 天後	$10000 \div 7 = 1428$　餘 4	→	星期四
5	100000 天後	$100000 \div 7 = 14285$　餘 5	→	星期五
6	1000000 天後	$1000000 \div 7 = 142857$　餘 1	→	星期一
7	10000000 天後	$10000000 \div 7 = 1428571$　餘 3	→	星期三
8	100000000 天後	$100000000 \div 7 = 14285714$　餘 2	→	星期二
9	1000000000 天後	$1000000000 \div 7 = 142857142$　餘 6	→	星期六
10	10000000000 天後	$10000000000 \div 7 = 1428571428$　餘 4	→	星期四
11	100000000000 天後	$100000000000 \div 7 = 14285714285$　餘 5	→	星期五
12	1000000000000 天後	$1000000000000 \div 7 = 142857142857$　餘 1	→	星期一

是的，具有週期性。餘數會以 1、3、2、6、4、5 的順序循環，亦即星期數會以一、三、二、六、四、五的順序循環。

1　3　2　6　4　5　（天數除以 7 的剩餘）
一　三　二　六　四　五

0 的個數每增加 6 個，會是相同的星期數，所以週期為 6。0 的個數除以 6 時的剩餘，會是 0、1、2、3、4、5 其中之一，分別對應星期一、星期三、星期二、星期六、星期四、星期五。

$$\begin{array}{cccccc} 0 & 1 & 2 & 3 & 4 & 5 \end{array} \quad (\text{天數的 0 個數除以 6 的剩餘})$$

$$\boxed{-} \ \boxed{三} \ \boxed{二} \ \boxed{六} \ \boxed{四} \ \boxed{五}$$

因此，10^{100} 天後是星期幾，可由天數的 0 個數除以 6 的剩餘來計算出來。

$$100 \div 6 = 16 \text{ 餘 } 4$$

因為餘數是 4，所以 10^{100} 天後是星期四。

發掘週期性

在星期數問題(1)，是由數的週期性得知星期數。

在星期數問題(2)，是進一步由 0 個數的週期性得知星期數。使用這個方法能夠馬上算出「$10^{1 \text{億}}$ 天後的星期數」，知道遙遠的未來是星期幾。

$10^{1 \text{億}}$ 天後：

$$100000000 \div 6 = 16666666 \text{ 餘 } 4$$

餘數為 4，所以是星期四。不過，$10^{1 \text{億}}$ 天後，宇宙可能早就迎來終焉……。

大家應該就此可以了解到，遇到難以處理的天文數字時，**發掘與該數相關的週期性是很重要的。剩餘可說是用來活用週期性的工具。**

視覺化理解週期

第 66 頁的星期數問題利用了星期數的週期為 7，推算出 100 天後是星期幾。「週期為 7」的意思，可想成如 Fig.3-2 的七角形時鐘來幫助理解。此七角形的頂點，標有 0～6 的數字與日、一、二等星期數。這個時鐘的指針僅有 1 個，每天只會前進 1 個刻度，7 天共前進 7 個刻度，也就是一個禮拜轉 1 圈。

「100 除以 7 時的餘數 2」意為，時鐘前進 100 個刻度時指向哪個頂點。順便一提，100 除以 7 時的商數 14 表示時鐘轉了幾圈。

Fig.3-2 *n* 天後是星期幾？

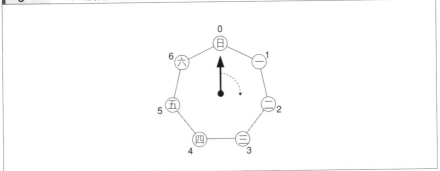

Fig.3-3 10^n 天後是星期幾？

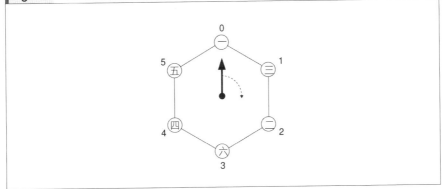

畫出圖形便能用視覺化方式來理解週期。

在第 68 頁的星期數問題⑵，推算了 10^{100} 天後是星期幾。此時，我們使用的是 10^{100} 的指數，也就是 1 後面的「0 個數」。藉由逐次增加的 0 個數，發掘星期數的週期為 6，再利用這項性質來推算。因為週期為 6，故可想成如 Fig3-3 的六角形時鐘。這個時鐘從第一天算起 10 天後會指向 1、100 天後會指向 2、1000 天後會指向 3……換言之，這個時鐘的指針，在 10^n 天後會指向 *n* 除以 6 的剩餘。這是時針會愈轉愈慢的神奇時鐘。

若著眼於「0 的個數」，即便是龐大的數也能夠輕鬆處理。這跟「對數」的概念密切相關。關於對數的細節，留到第 7 章再來討論。

乘方問題

問題（1234567^{987654321}）

1234567^{987654321} 的個位數是多少*？

提示：透過試算發掘週期性

1234567^{987654321} 的值，無法用計算機算出來，即便想要編寫電腦程式，也會因位數過大而無法簡單求出。

因此，這邊先用較小的數來「試算」。

$1234567^1 = 1234567$
$1234567^2 = 1524155677489$
$1234567^3 = \cdots\cdots$

數字馬上就變得很大，試算也進行得不太順利。

但是，稍微想一下，我們要求的不是 1234567^{987654321} 本身，而是其「個位數」。這樣一來⋯⋯

發掘週期性後，就能只靠紙和筆算出答案。

問題的解答

兩數相乘時，會影響個位數的僅有原兩數的個位數。也就是說，只要將 1234567 的個位數 7 進行乘方的計算，並觀察結果的個位數就行了，計算中可忽視 1234567 中十位以上的 123456。

1234567^0 的個位數 = 7^0 的個位數 = 1
1234567^1 的個位數 = 7^1 的個位數 = 7
1234567^2 的個位數 = 7^2 的個位數 = 9
1234567^3 的個位數 = 7^3 的個位數 = 3

---

* 這個問題改自《Techniques of Problem Solving》（Steven G. Krantz, ISBN4-621-04831-7）的「3^{4798} 的末尾數字為何？」。

1234567^4 的個位數 = 7^4 的個位數 = 1

1234567^5 的個位數 = 7^5 的個位數 = 7

1234567^6 的個位數 = 7^6 的個位數 = 9

1234567^7 的個位數 = 7^7 的個位數 = 3

1234567^8 的個位數 = 7^8 的個位數 = 1

1234567^9 的個位數 = 7^9 的個位數 = 7

計算到這邊，就能夠發掘週期性了。個位數會是 1、7、9、3 四個數字的循環，也就是週期為 4。

由於週期為 4，因此在求 $123456^{987654321}$ 的個位數時，只需計算指數 987654321 除以 4 的剩餘就行了。987654321 除以 4 的剩餘會是 0、1、2、3 其中之一，分別對應 1、7、9、3。

0	1	2	3
1	7	9	3

987654321 除以 4 的餘數是 1，所以其個位數會是 7。

回顧：週期性與剩餘的關係

這次問題的數字也是龐大到無法直接計算的大數，因為無法直接計算，所以先用較小的數來試算。此時的重點是發掘**週期性**。發掘週期性後，剩下就交由剩餘來解決問題。

使用剩餘將大數目的問題轉成小數目的問題。

已經連續講了兩題處理大數的問題，後面就來討論其他的問題。

黑白棋通訊

問題

魔術師、弟子和客人等 3 人聚在桌前，其中魔術師被矇住眼睛。

⑴桌上隨機排列 7 顆黑白棋（Fig.3-4）。魔術師被矇住眼睛，看不見棋子。

Fig.3-4　隨機排列 7 顆黑白棋

⑵魔術師的弟子看過這 7 顆棋子後，於右端追加 1 顆棋子。排列的棋子變成 8 顆（Fig.3-5），魔術師仍舊被矇住眼睛。

Fig.3-5　弟子追加 1 顆

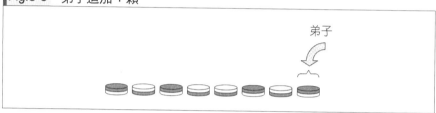

弟子

⑶客人從排列的 8 顆棋子中，選擇「**僅翻面 1 顆棋子**」或「**不翻面任何棋子**」（Fig.3-6）。

在這段期間，弟子和客人都沒有說話，魔術師仍舊被矇住眼睛，不曉得客人是否有翻面棋子。

Fig.3-6　客人僅翻面 1 顆棋子（或者不翻面任何棋子）

客人

⑷魔術師拆掉遮眼布，觀看排列的 8 顆棋子，馬上能夠說出「客人有翻面棋子」或者「客人沒有翻面棋子」，識破客人的行動。

Fig.3-7　魔術師識破客人的行動

魔術師：「客人有翻面棋子。」

為什麼魔術師能夠識破客人的行動？

提示

弟子採取的行動僅有追加 1 顆棋子，而且還是發生在客人行動「之前」。弟子是如何向魔術師傳達有無翻面棋子？

魔術師和弟子沒有開口說話，卻僅用 1 顆棋子就完成「通訊」。請思考該通訊的原理機制。

問題的解答

弟子是數放置的 7 顆棋子中有多少顆黑棋，若黑棋為奇數個，則弟子追加黑棋；若黑棋為偶數個，則弟子追加白棋。不管是哪種情況，最後排列的 8 顆棋子的**黑棋數必為偶數個**。

那麼，客人採取的行動會是下述(a)～(c)其中之一：

(a)客人翻面白棋，黑棋增加 1 顆，黑棋變為奇數個。

(b)客人翻面黑棋，黑棋減少 1 顆，黑棋也變為奇數個。

(c)客人不翻面棋子，黑棋保持偶數個。

魔術師拆掉遮眼布後，馬上數黑棋有幾顆。若黑棋為奇數個，就說：「客人有翻面棋子。」若黑棋為偶數個，就說：「客人沒有翻面棋子。」

這題是弟子放置棋子使「黑棋為偶數個」，但也可以使「黑棋為奇數個」。不管是哪一種情況，只要魔術師和弟子事前商量好就行了。

同位檢查

若將魔術師和弟子表演用的白棋想成二進制的 0、黑棋想成二進制的 1，就相當於電腦通訊上使用的**同位檢查**（parity check）。

弟子是發訊者、魔術師是收訊者，而中途翻面黑白棋的客人則扮演「擾亂通訊的雜訊（noise）」角色。

弟子（發訊者）放置的那 1 顆棋子，在通訊上稱為**同位位元**（parity

bit）。魔術師（收訊者）藉由調查放置棋子的**奇偶**（**同位**），判斷是否發生雜訊造成通訊錯誤。同位位元設定為奇數／偶數，是由發訊者和收訊者間的通訊規範所決定。

使用同位位元分成兩個集合

然後，我們可以這樣想：7 顆棋子排列方式共有 $2^7 = 128$ 種，其中一半（64 種）是黑棋為偶數個，剩餘的一半（64 種）是黑棋為奇數個。換言之，128 種被分為兩個群組。

魔術師弟子追加的 1 顆棋子發揮了「標記」的功用，表示眼前 7 顆棋子的排列方式屬於兩群組的哪一群。棋子有黑面朝上放置、白面朝上放置兩種情況，以此來區別兩個群組。

尋找戀人問題

問題（尋找戀人）

某小國有 8 座村落（A～H），如 Fig.3-8。村落間以道路相連（黑點表示村落、實線表示道路）。而你要尋找你流浪到這個國家的一名戀人。

你的戀人在 8 座村落中的某一座，戀人每個月會沿著道路移動到鄰近村落，每個月都會改變居住的村落，但選擇哪座村落居住是隨機的，無法預測。例如，若戀人這個月住在 G 村落，則下個月會出現在「C、F、H 其中一座村落」。

假設你打聽到「一年前（12 個月前），戀人住在 G 村落」，試求戀人這個月住在 A 村落的機率[*]。

提示：先用較小的數來試算

戀人 12 個月前出現在 G，所以戀人從 G 出發已經隨機移動 12 次。題目是求第 12 次移動後出現在 A 的機率。

討論時不要一次就移動 12 次，而是**先用較小的數來試算**。

---

[*] 這個問題改自《熟練情況數》（『マスター・オブ・場合の數』栗田哲也 等著，東京出版，ISBN978-4-88742-028-1）。

Fig.3-8　某小國的 8 座村落與道路

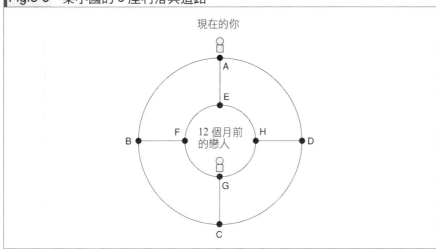

問題的解答

12 個月前（第 0 次移動），戀人出現在 G。

11 個月前（第 1 次移動），戀人出現在 C、F、H。

10 個月前（第 2 次移動），戀人出現在 B、D、E、G。

9 個月前（第 3 次移動），戀人出現在 A、C、F、H。

8 個月前（第 4 次移動），戀人出現在 B、D、E、G。

在此之後，第奇數次移動時，戀人會出現在 A、C、F、H 其中一座村落；第偶數次移動時，戀人會出現在 B、D、E、G 其中一座村落。由此可知，現在（第 12 次移動）戀人會出現在 B、D、E、G 其中一座村落，不住在 A 村落（Fig.3-9），故出現在 A 村落的機率為 0。

回顧

這個問題的有趣之處在哪裡？

戀人居無定所地徘徊村落之間，可能從 G 移動到 C，也可能從 G 移動到 F。然後，假定移動到 F，下個月可能移動到 E，也可能回到 G。若像這樣討論戀人行經的「路徑」，必須考慮非常多的可能性。

Fig.3-9　思考第 4 次移動後可能抵達的村落

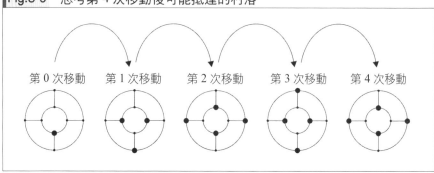

　　剛才的解答不是關注路徑，而是討論抵達的村落。這樣就能夠簡潔整理問題。

　　假設從 G 移動奇數次抵達的村落稱為「奇數村」，移動偶數次抵達的村落稱為「偶數村」。

Fig.3-10　分成「奇數村」和「偶數村」

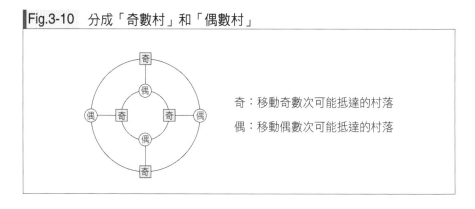

奇：移動奇數次可能抵達的村落

偶：移動偶數次可能抵達的村落

　　奇數村為 A、C、F、H

　　偶數村為 B、D、E、G

　　這個問題的解題重點是，將 8 座村落分為奇數村和偶數村兩個群組來思考。即便不曉得第 12 次移動後抵達哪一座村落，也知道是待在奇數村還是偶數村。

　　A～H 這 8 座村落中，不會有同時屬於奇數村和偶數村的村落。

亦即，8 座村落必定屬於奇數村或偶數村其中之一。

換言之，奇數村和偶數村的分類會是「沒有遺漏且互斥的分割」。而且，從奇數村移動一次會抵達偶數村；從偶數村移動一次會抵達奇數村。多虧這樣的性質，我們才能解開問題。這個問題是同位檢查的例子之一。

榻榻米鋪滿問題

問題（將榻榻米鋪滿房間）

已知存在形狀如 Fig.3-11 的房間，試問這間房間能夠用右下角的榻榻米鋪滿嗎？過程中，不可使用半張榻榻米。

Fig.3-11　能夠將榻榻米鋪滿房間嗎？

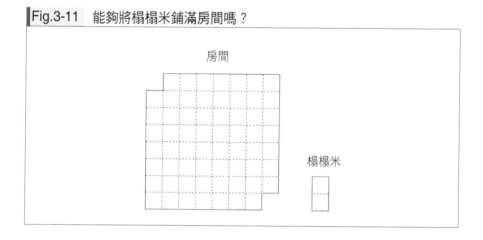

提示：試數榻榻米的數量

以半張榻榻米為單位計數房間的面積，由於 1 張榻榻米是 2 塊半張榻榻米，若是房間的面積為奇數塊的半張榻榻米，則可說「不可能鋪滿」。

計數的結果，房間的大小為 62 塊半張榻榻米。雖然 62 是偶數，但非常遺憾，僅由「半張榻榻米個數的奇偶」無法判斷是否能夠鋪滿。

沒有更有效的分類方法嗎？

問題的解答

如 Fig.3-12，以半張榻榻米為單位塗上不同顏色。

Fig.3-12　以半張榻榻米為單位將房間塗上不同顏色

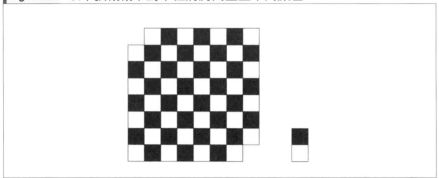

然後分別計數黑白各有多少塊半張榻榻米。

- 黑的半張榻榻米　30 塊
- 白的半張榻榻米　32 塊

其中，1 張榻榻米含有 1 對黑白半張榻榻米。也就是說，無論用多少張榻榻米去鋪滿房間，黑的半張榻榻米和白的半張榻榻米塊數必須一樣。

由此可知，這間房間不可能用榻榻米鋪滿。

回顧

這是出現在各種智力測驗中的著名問題。這個問題也能夠用同位檢查來作答。

若想要透過計算來求解，可如下思考：

- 黑的半張榻榻米分配 +1；
- 白的半張榻榻米分配 −1。

然後將房間半張榻榻米被分配到的數全部加總起來，看看計算結果是否為 0。如果結果不為 0，則無法用榻榻米鋪滿。但是，即便計算結果為 0，也

未必能夠鋪滿房間。這就是「逆命題未必為真」。

　　使用同位檢查的判斷法非常強大。鋪設榻榻米的方法有很多種，想要證明「無法」鋪滿，必須列出所有方法。然而，若使用同位檢查，不需反覆試驗就能斷言「無法」。

　　不過，想要有效使用同位檢查，必須找出「適當的分類方法」。尋找戀人問題（第 76 頁）是分成奇數村和偶數村；榻榻米鋪滿問題（第 79 頁）是塗色成方格模樣。雖然不用反覆試驗，但卻需要「靈光一現」。

一筆畫問題

問題（柯尼斯堡七橋）

　　很久以前，在名為柯尼斯堡（Konigsberg）*的城鎮中，河川將城鎮分成 4 塊土地，各塊土地間架設了 7 座橋樑連結（Fig.3-13）。

Fig.3-13　柯尼斯堡七橋

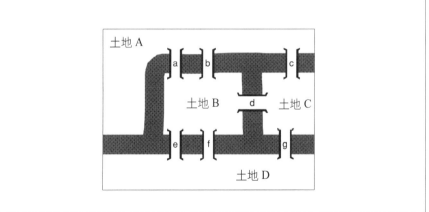

---

* 柯尼斯堡是哲學家康德的故鄉，現位於俄羅斯聯邦，改名為加里寧格勒（Kaliningrad、Калининград）。

你正在尋找走遍 7 座橋樑的方法，但必須遵守下述條件：

> · 走過的橋樑不得再走第二次；
> · 各土地可走過好幾次；
> · 從哪個土地出發都沒關係；
> · 不必回到出發的土地。

若能找到走遍 7 座橋樑的方法，請畫出該條路線，若無法，則證明之。

┃ 提示：試畫看看

這是「一筆畫」問題，試著在地圖上畫看看。

> · 假設從 A 出發；
> · 從 A 走過 a 橋移動到 B；
> · 從 B 走過 b 橋回到 A；
> · 從 A 走過 c 橋移動到 C；
> · 從 C 走過 d 橋移動到 B；
> · 從 B 走過 e 橋移動到 D；
> · 從 D 走過 f 橋回到 B。

……畫到這邊，B 周邊架設的橋樑全都走過一遍了，沒有辦法再前進。這個畫法會沒有走到 g 橋（Fig.3-14）。

請各位讀者務必多嘗試幾次。

實際畫過後，會覺得沒辦法 7 座橋都只走一遍。但是，想要得到「絕對無法走遍」的結論，就得實際做出證明。因為可能存在走遍 7 座橋的巧妙方法，只是自己沒有注意到也說不定。

Fig.3-14　試畫看看（沒有走到 g 橋）

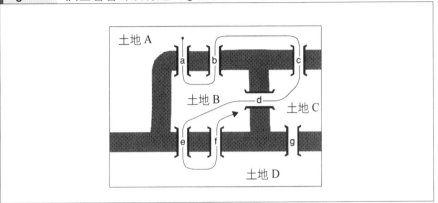

提示：簡化討論

每次都寫成「從 A 走過 a 橋移動到 B」太過麻煩，這邊不使用地圖，而是簡化為 Fig.3-15 的圖。當然，雖說是簡化，但並未更動原地圖的「土地連結方式」。這種將「連結方式」圖示化的簡圖，稱為**簡單圖**。

Fig.3-15　將問題轉為簡單圖

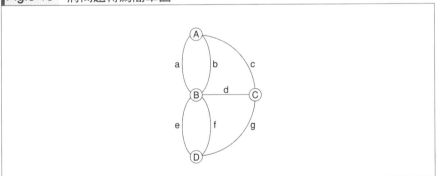

在 Fig.3-15，土地 A、B、C、D 表示成白色圓圈，這些圓圈稱為**頂點**；而橋樑 a、b、c、d、e、f、g 表示成連結兩頂點的連線，這些連線稱為**邊**。

順便一提，數學家尤拉（Leonhard Euler，1707-1783）將這個柯尼斯堡七橋解為一筆畫問題，提出了**圖論**（graph theory）。

提示：思考入口和出口

在各種反覆試驗的過程中會注意到，若想要通過頂點，則該頂點必須有 2 條邊：「形成入口的邊」和「形成出口的邊」。1 個頂點可連結好幾條邊，但每通過 1 個頂點，該頂點連結的邊就會減少 2 條。這是解題的關鍵。

問題的解答

頂點連結的邊數，稱為該頂點的**度數**（degree；Fig.3-16）。

Fig.3-16　度數

另外，度數為偶數的頂點稱為「偶點」；度數為奇數的頂點稱為「奇點」（Fig.3-17）。

接著，一面沿循簡單圖的邊前進，一面在通過邊的端點打勾，並減少頂點的度數。假設這樣的做法稱為「邊減邊走」。

Fig.3-17 偶點與奇點

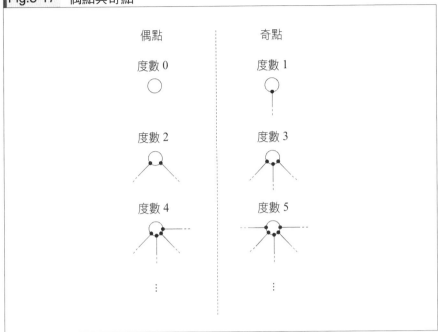

〔現在不是討論從哪邊開始、通過什麼路徑,而是關注沿循圖形的邊移動時,頂點的度數會如何變化。〕

出發時,起點頂點的度數減少 1。

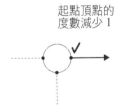

起點頂點的
度數減少 1

通過中途的頂點時,該頂點的度數減少 2。這個 2 是指,「形成入口的邊」和「形成出口的邊」。

通過點的
度數減少 2

由於每通過一次頂點，頂點的度數減少 2，所以無論通過該頂點多少次，**通過點的頂點奇偶不變**，偶點仍是偶點；奇點仍是奇點。

若通過 2 次，
度數減少 4，
但該點的奇偶不變。

抵達終點時，該頂點的度數減少 1。

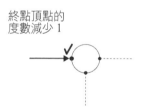

終點頂點的
度數減少 1

那麼，像這樣假設「能夠一筆畫完」，則可能出現下述 2 種情況：

　⑴起點和終點一致

　⑵起點和終點不一致

●⑴起點和終點一致

　　能夠一筆畫完表示，「邊減邊走」的結果是所有頂點的度數為 0（偶數）。因為若有度數不為 0 的頂點，則會殘留未通過的邊。

　　透過「邊減邊走」的做法，通過點的頂點奇偶沒有變化。由度數變為 0（偶數）可知，在原簡單圖的通過點，其頂點本來就是偶點。

　　然後，雖然起點和終點的度數是減少 1，但因為起點和終點一致，所以

該點的度數會是減少 2，這個頂點果然也會是偶點。

　　結果，在一筆畫完「起點和終點一致」，其簡單圖的頂點**全部是偶點**。

● ⑵起點和終點不一致的情況

　　跟⑴同樣的思維，通過點的頂點全部是偶點，僅起點和終點為奇點。因此，在一筆畫完「起點和終點不一致」，其簡單圖只有 **2 個奇點**。

　　由此可知，下述命題成立[*]：

　　　　若「能夠一筆畫完」$\overset{則}{\Rightarrow}$「所有的頂點為偶點，或存在 2 個奇點」

　　接著，回來談柯尼斯堡七橋。柯尼斯堡七橋若能夠一條路徑走遍，則應該「所有的頂點為偶點，或存在 2 個奇點」。

　　我們來調查柯尼斯堡七橋（簡單圖）的頂點，計數各頂點連結的邊數，就能立即知道奇偶。如 Fig.3-18，4 個頂點全部為奇點。

　　因此，這證明了──在給定的條件下，無法走遍柯尼斯堡的所有橋樑。

Fig.3-18　調查柯尼斯堡七橋的頂點

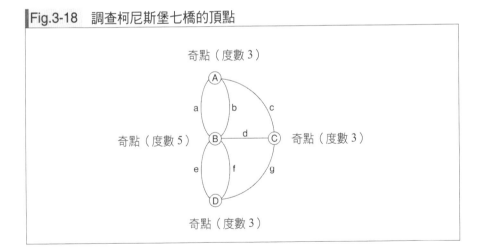

---

[*] 此命題的逆命題「所有頂點為偶點，或存在 2 個奇點」⇒「能夠一筆畫完」也成立，但這邊省略證明過程。

同位檢查

　　「若能夠一筆畫完，則必須是所有頂點為偶點，或存在 2 個奇點。」大家有理解尤拉的主張嗎？根據此主張，我們不可能一路走完柯尼斯堡七橋。

　　尤拉主張的重點是：「即便不反覆試驗，也能夠證明無法一筆畫完」，不需要測試多種渡橋方式，僅需要調查各頂點的度數就行了。

　　另外，尤拉的證明還隱含一個重要概念：調查各頂點的邊數時，關注的不是「數本身」而是「數的奇偶」。在一筆畫問題中，「奇偶」是解題的關鍵。此問題也是同位檢查的例子。

本章學到的東西

　　本章中，我們一面求解各種問題，一面討論了剩餘的概念。

　　即便是不好計算的大數，只要發掘週期性並使用剩餘，就能簡化問題。

　　另外，根據剩餘結果是否相同，能夠將許多事物分群。我們也透過榻榻米鋪滿、柯尼斯堡七橋等問題，學習使用奇偶性（同位）來省略反覆試驗。

　　我們在「詳細調查」事物時，會想要「正確掌握所有資訊」。然而，有的時候比起「正確掌握」，如同位檢查「確切分類」會更有幫助。

　　發掘週期性、奇偶性後，人類就能將大問題轉為小問題來解決。剩餘就是為此而生的重要武器。

　　下一章中，我們來學僅需兩個步驟就能解決無窮問題的武器——數學歸納法。

◉ 課後對話

學生：「老師，我的人生出現 360 度的轉變了。」

老師：「360 度！那不就是完全沒變嗎？」

第 **4** 章

數學歸納法
——推倒無數的多米諾骨牌

◉課前對話

老師：「假設有一排多米諾骨牌，該怎麼做才能推倒所有骨牌呢？」

學生：「簡單啊！只要排成多米諾骨牌能夠依序倒下的形狀就行了。」

老師：「這樣還不夠喔！」

學生：「咦？為什麼？」

老師：「最初的多米諾骨牌也要能夠倒下才行。」

學生：「這不是理所當然的事情嗎？」

老師：「是的。這樣你就了解了數學歸納法的兩個步驟。」

本章要學的東西

在本章，要來學習數學歸納法。數學歸納法是，證明某主張對於 0 以上的所有整數（0、1、2、3、……）皆成立的方法。0、1、2、3、……等 0 以上的整數有無數多個，但使用數學歸納法，就能僅用「兩個步驟」來證明無窮的命題。

本章會先介紹求 1 加到 100 的例子，再解說數學歸納法。然後，一面穿插問題，一面講解數學歸納法的具體例子。最後，會提及數學歸納法與程式的關係，討論迴圈不變性。

高斯少年求和

問題（存錢筒的金額）

假設你有一個空的存錢筒。

- 第 1 天，在存錢筒投入 1 日圓，裡頭的金額變成 1 日圓。
- 第 2 天，在存錢筒投入 2 日圓，裡頭的金額變成 $1 + 2 = 3$ 日圓。
- 第 3 天，在存錢筒投入 3 日圓，裡頭的金額變成 $1 + 2 + 3 = 6$ 日圓。
- 第 4 天，在存錢筒投入 4 日圓，裡頭的金額變成 $1 + 2 + 3 + 4 = 10$ 日圓。

試問這樣繼續存錢下去，第 100 天後存錢筒裡頭的金額會是多少？

試著討論

本題要求的是第 100 天的存錢筒總額。想要求第 100 天的金額，只需要計算 1 + 2 + 3 + …… + 100 就行了。那麼，具體來說，該怎麼計算才好呢？

首先能想到的是，耐著性子一個個加總起來：1 加 2、再加 3、再加 4、……再加 99、再加 100。最後就能得到答案。如果覺得徒手計算麻煩，可以使用計算機或者編寫程式來計算。

不過，據說高斯少年在 9 歲時，就想出能立即算出結果的做法。當時，高斯少年沒有使用計算計、電腦。那麼，他是如何計算出來的？

高斯少年的解答

高斯少年的想法如下：

依序計算 1 + 2 + 3 + …… + 100 的結果，和反過來計算 100 + 99 + 98 + …… + 1 的結果應該相同。那麼，像下面這樣縱向相加各項：

$$
\begin{array}{r}
1 + 2 + 3 + \cdots + 99 + 100 \\
+\,)\,\underline{100 + 99 + 98 + \cdots + 2 + 1} \\
101 + 101 + 101 + \cdots + 101 + 101
\end{array}
$$

101 有 100 個

如此一來，就變成是相加 100 個 101。這個計算非常簡單，只需要將 101 乘以 100 倍就行了，結果會是 10100。但 10100 是欲求數的 2 倍，所以答案是其一半，即 5050。

探討高斯少年的解答

高斯少年的方法相當優雅。

若將高斯少年的做法轉為圖形來計算 1 + 2 + 3 + …… + 100，就相當於計數如 Fig.4-1 排列成階梯型的磁磚片數。

Fig.4-1 高斯少年做法的示意圖

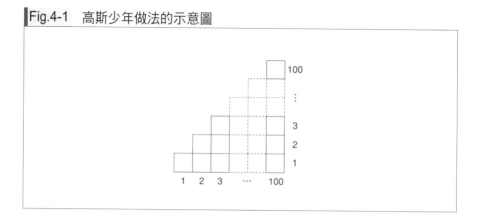

高斯少年又作出另一個階梯，顛倒過來，結合兩個階梯作成長方形。

Fig.4-2 結合兩個階梯作成長方形

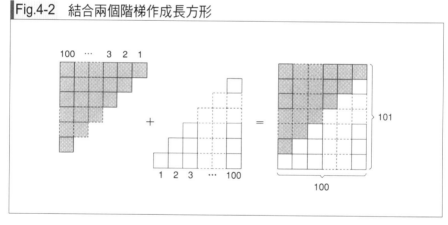

兩個階梯合成的長方形縱向排列了 101 片磁磚、橫向排列了 100 片磁磚，此長方形共鋪滿了 $101 \times 100 = 10100$ 片磁磚。因此，欲求的磁磚片數會是 10100 片的一半，即 5050 片。

從計算效率來看，高斯少年的方法只需要相加兩端的 1 和 100，乘上 100 倍再除以 2。

假設現在不是 1 加到 100，而是 1 加到 10000000000（100 億），即便使用計算機 1 秒輸入 1 個數字，加到 100 億仍需耗費 300 年以上的時間，而使用電腦也相當耗費時間。

　　然而，若使用高斯少年的方法，即便是1加到100億，僅需要相加1次、相乘1次、相除1次就好，計算如下：

$$\frac{(10000000000 + 1) \times 10000000000}{2} = 50000000005000000000$$

　　高斯少年後來成為了名留青史的大數學家（Johann Karl Friedrich Gauss, 1777-1855）。

一般化

　　高斯少年的做法是利用下述等式：

$$1 + 2 + 3 + \cdots + 100 = \frac{(100 + 1) \times 100}{2}$$

　　這邊將「1加到100」轉為「0加到n」。如此一來，上式就會變成：

$$0 + 1 + 2 + 3 + \cdots + n = \frac{(n + 1) \times n}{2}$$

　　這個等式對於0以上的任意整數n皆成立嗎？換言之，即便n為100或者200，甚至100萬或者100億也會成立嗎？若是成立，該怎麼證明呢？

　　此時，就要利用數學歸納法。數學歸納法是證明「某主張對於0以上的所有整數n皆成立」的方法。

學生：「『對於所有整數n』這種說法真教人靜不下來。」
老師：「靜不下來？」
學生：「感覺有好多整數不斷流入腦袋中。」
老師：「那想成『n為任意整數』如何呢？」
學生：「啊！稍微好多了。」
老師：「但兩者是在說同一件事情喔。」

數學歸納法──推倒無數的多米諾骨牌

終於要開始講數學歸納法了。我們先學習「對於 0 以上整數的主張」，再使用數學歸納法證明高斯少年的主張。

對於 0 以上整數的主張

「對於 0 以上整數的主張」是指，能夠判斷 0、1、2 等整數為「真」或「假」的主張。文字說明或許不好理解，下面舉幾個例子來討論。

●例子 1

　　・主張 $A(n)$：$n \times 2$ 是偶數。

$A(n)$ 是「$n \times 2$ 是偶數」的主張。n 為 0 時，$0 \times 2 = 0$ 是偶數，所以 $A(0)$ 為真。$A(1)$ 如何呢？因為 $1 \times 2 = 2$ 是偶數，所以 $A(1)$ 為真。

那麼，此主張 $A(n)$ 可說對於 0 以上的所有整數皆為真嗎？

是的，可以這麼說。因為 0 以上任意整數 n 的 2 倍皆是偶數，所以主張 $A(n)$ 對於 0 以上的所有整數 n 皆為真。

●例子 2

　　・主張 $B(n)$：$n \times 3$ 是奇數。

那麼，$B(n)$ 如何呢？此主張對於 0 以上的所有整數 n 皆成立嗎？

假設 n 為 1，則 $1 \times 3 = 3$ 是奇數，所以 $B(1)$ 為真。但是，我們不能說主張 $B(n)$ 對於 0 以上的所有整數 n 皆為真。因為 n 為 2 時，$2 \times 3 = 6$ 是偶數，所以 $B(2)$ 不為真（為假）。

$n = 2$ 成為推翻「主張 $B(n)$ 對於 0 以上的所有整數 n 皆成立」的反例之一。

● 其他例子

接下來思考看看，下述四個主張何者對於 0 以上的所有整數 n 皆成立？

> ・主張 $C(n)$：$n+1$ 是 0 以上的整數。
> ・主張 $D(n)$：$n-1$ 是 0 以上的整數。
> ・主張 $E(n)$：$n \times 2$ 是 0 以上的整數。
> ・主張 $F(n)$：$n \div 2$ 是 0 以上的整數。

主張 $C(n)$ 對於 0 以上的所有整數 n 皆成立，因為若 n 為 0 以上的整數，則 $n+1$ 也必為 0 以上的整數。

主張 $D(n)$ 不可說對於 0 以上的所有整數 n 皆成立。因為 n 為 0 時，$0-1=-1$ 不是 0 以上的整數。$n=0$ 是唯一的反例。

主張 $E(n)$ 對於 0 以上的所有整數 n 皆成立。

主張 $F(n)$ 不可說對於 0 以上的所有整數 n 皆成立，因為 n 為奇數時，$n \div 2$ 不是整數。

高斯少年的主張

習慣「對於 0 以上整數 n 的主張」後，我們再回來看高斯少年的主張。像下面這樣處理，其想法就能寫成關於 n 的主張。

> ・主張 $G(n)$：從 0 到 n 的整數和等於 $\dfrac{n \times (n+1)}{2}$。

後面欲證明的是「主張 $G(n)$ 對於 0 以上的所有整數 n 皆成立」。雖然也可畫出第 92 頁的階梯狀圖形（Fig.4-1）來證明，但疑心病重的人可能會有疑問：「明明 0 以上的整數 0、1、2、3、……**存在無數多個**，圖形卻僅畫出 1 種情況而已。那麼，$G(1000000)$ 也成立嗎？」

的確，0 以上的整數存在無數多個。因此，需要使用「數學歸納法」來證明「主張 $G(n)$ 對於 0 以上的所有整數皆成立」。

什麼是數學歸納法？

數學歸納法是用來證明「關於整數的主張對於 0 以上的所有整數（0、

1、2、3、……）皆成立」的方法。

假設現在要使用數學歸納法證明「主張 $P(n)$ 對於 0 以上的所有整數 n 皆成立」，則會以下述兩個步驟來證明。

各位準備好了嗎？這是本章的核心，請放慢速度仔細閱讀。

・步驟 1：

證明「$P(0)$ 成立」。

・步驟 2：

證明 k 為 0 以上的任意整數時，「若 $P(k)$ 成立，則 $P(k+1)$ 也成立」。

步驟 1 是證明 k 為 0 時，主張 $P(0)$ 成立，稱為**基底**（base）。

步驟 2 是證明 k 為 0 以上的任意整數時，「若 $P(k)$ 成立，則 $P(k+1)$ 也成立」，稱為**歸納**（induction）。這步驟表示了，若主張對於 0 以上的某整數成立，則下一個整數也會成立。

如果步驟 1 和步驟 2 皆能得到證明，就證明了「主張 $P(n)$ 對於 0 以上的所有整數 n 皆成立」。

以上就是數學歸納法的證明流程。

比喻成多米諾骨牌

數學歸納法是藉由證明步驟 1（基底）和步驟 2（歸納）兩個步驟，來證明主張 $P(n)$ 對於 0 以上的所有整數 n 皆成立的方法。

為什麼僅證明這兩個步驟，就可完成無窮 n 的證明？請各位如下思考：

・主張 $P(0)$ 成立。

因為步驟 1 完成證明了。

・主張 $P(1)$ 成立。

因為 $P(0)$ 成立，且由步驟 2 可知若 $P(0)$ 成立，則 $P(1)$ 也成立。

・主張 $P(2)$ 成立。

因為 $P(1)$ 成立，且由步驟 2 可知若 $P(1)$ 成立，則 $P(2)$ 也成立。

・主張 $P(3)$ 成立。

因為 $P(2)$ 成立，且由步驟 2 可知若 $P(2)$ 成立，則 $P(3)$ 也成立。

這樣反覆循環，可說主張 $P(n)$ 對於 0 以上的所有整數 n 皆成立。n 是多麼龐大的數都沒有關係，即便 n 為 1000000000000000，只要不斷反覆步驟 2，總有一天可推導出 $P(1000000000000000)$ 成立。

數學歸納法的思維就猶如排成一列的「多米諾骨牌」。若能保證下述兩個步驟，則無論多米諾骨牌排得多遠，總有一天肯定會被推倒。

・步驟 1：

保證第 0 個多米諾骨牌（最初的多米諾骨牌）能夠倒下。

・步驟 2：

保證第 k 個多米諾骨牌倒下後，第 $k+1$ 個多米諾骨牌也會跟著倒下。

多米諾骨牌的兩個步驟直接對應了數學歸納法的兩個步驟。

在數學歸納法，忽視「多米諾骨牌倒下」所需花費的時間。數學的證明跟程式設計不一樣，經常出現無視時間的手法。這是兩者非常大的不同。

以數學歸納法證明高斯少年的主張

那麼，我們就以高斯少年的主張 $G(n)$ 為例，來具體討論數學歸納法。

・主張 $G(n)$：從 0 到 n 的整數和等於 $\dfrac{n \times (n+1)}{2}$。

使用數學歸納法，需要證明步驟 1（基底）和步驟 2（歸納）。

● 步驟 1：基底的證明

證明 $G(0)$ 成立。

$G(0)$ 是「從 0 到 0 的整數和等於 $\dfrac{0 \times (0+1)}{2}$」。

這能夠直接計算完成證明，因為從 0 到 0 的整數和為 0，而 $\dfrac{0 \times (0+1)}{2}$ 也為 0。

這樣步驟 1 就證明完成。

●步驟 2：歸納的證明

證明 k 為 0 以上的任意整數時，「若 $G(k)$ 成立，則 $G(k+1)$ 也成立」。

現在假設 $G(k)$ 成立，也就是「從 0 到 k 的整數和等於 $\dfrac{k \times (k+1)}{2}$」成立。此時，下式成立：

$$0 + 1 + 2 + \cdots + k = \frac{k \times (k+1)}{2}$$

接下來要證明 $G(k+1)$ 成立，也就是下式成立：

$$0 + 1 + 2 + \cdots + k + (k+1) = \frac{(k+1) \times ((k+1)+1)}{2}$$

$G(k+1)$ 的左式可如下計算：

$$G(k+1) \text{ 的左式} = \underbrace{0 + 1 + 2 + \cdots + k}_{G(k)\text{ 的左式}} + (k+1)$$

$$= \underbrace{\frac{k \times (k+1)}{2}}_{G(k)\text{ 的右式}} + (k+1) \qquad \text{將 } G(k) \text{ 的左式換成 } G(k) \text{ 的右式}$$

$$= \frac{k \times (k+1)}{2} + \frac{2 \times (k+1)}{2} \qquad (k+1)\text{轉為分數形式}$$

$$= \frac{k \times (k+1) + 2 \times (k+1)}{2} \qquad \text{因為分母相同，分子直接相加}$$

$$= \frac{(k+1) \times (k+2)}{2} \qquad \text{提出}(k+1)$$

而 $G(k+1)$ 的右式可如下計算：

$$G(k+1) 的右式 = \frac{(k+1) \times ((k+1)+1)}{2}$$
$$= \frac{(k+1) \times (k+2)}{2} \qquad 計算 ((k+1)+1)$$

$G(k+1)$ 的左式和右式得到相同的計算結果。

藉由 $G(k)$ 推導到 $G(k+1)$，步驟 2 就證明完成。

如同上述，關於主張 $G(n)$，數學歸納法的步驟 1 和步驟 2 皆得到證明。因此，根據數學歸納法，主張 $G(n)$ 對於 0 以上的任意整數 n 皆成立。

求奇數和──數學歸納法的例子

接著，試著用數學歸納法證明其他主張。

奇數和

試證明下述主張 $Q(n)$ 對於 1 以上的所有整數 n 皆成立。

　・主張 $Q(n)$：$1+3+5+7+\cdots+(2 \times n - 1) = n^2$

$Q(n)$ 是稍微奇怪的主張。由小依序相加 n 個奇數，結果會是平方數 n^2，也就是 $n \times n$。

這主張正確嗎？在證明之前，先用較小的數 $n = 1$、2、3、4、5 來確認 $Q(n)$ 的真假。

　・主張 $Q(1)$：$1 = 1^2$
　・主張 $Q(2)$：$1+3 = 2^2$
　・主張 $Q(3)$：$1+3+5 = 3^2$
　・主張 $Q(4)$：$1+3+5+7 = 4^2$
　・主張 $Q(5)$：$1+3+5+7+9 = 5^2$

計算後，這些主張確實成立。

透過數學歸納法證明

接著來證明「主張 $Q(n)$ 對於 1 以上的所有整數 n 皆成立」。為此，下面需要依序證明數學歸納法的兩個步驟。

雖然要證明的不是「0 以上」而是「1 以上」，但只要將基底的證明由 0 改成 1，一樣能夠使用數學歸納法。

●步驟 1：基底的證明

證明 $Q(1)$ 成立。

$Q(1)$ 是 $1 = 1^2$，確實成立。

這樣步驟 1 就證明完成。

●步驟 2：歸納的證明

證明 k 為 1 以上的任意整數時，「若 $Q(k)$ 成立，則 $Q(k+1)$ 也成立」。現在假設 $Q(k)$ 成立，也就是下式成立：

$$1 + 3 + 5 + 7 + \cdots + (2 \times k - 1) = k^2$$

接著，證明 $Q(k+1)$ 成立，也就是下式成立：

$$1 + 3 + 5 + 7 + \cdots + (2 \times k - 1) + (2 \times (k+1) - 1) = (k+1)^2$$

$Q(k+1)$ 的左式可如下計算：

$$
\begin{aligned}
Q(k+1) \text{ 的左式} &= \underbrace{1 + 3 + 5 + 7 + \cdots + (2 \times k - 1)}_{Q(k) \text{ 的左式}} + (2 \times (k+1) - 1) \\
&= \underbrace{k^2}_{Q(k) \text{ 的右式}} + (2 \times (k+1) - 1) \qquad \text{將 } Q(k) \text{ 的左式換成 } Q(k) \text{ 的右式} \\
&= k^2 + 2 \times k + 2 - 1 \qquad \text{展開 } 2 \times (k+1) \\
&= k^2 + 2 \times k + 1 \qquad \text{計算 } 2 - 1
\end{aligned}
$$

而 $Q(k+1)$ 的右式可如下計算：

$$Q(k+1) \text{的右式} = (k+1)^2$$
$$= k^2 + 2 \times k + 1 \qquad \text{展開} (k+1)^2$$

$Q(k+1)$ 的左式和右式得到相同的計算結果。

藉由 $Q(k)$ 推導到 $Q(k+1)$，步驟 2 就證明完成。

如同上述，關於主張 $Q(n)$，數學歸納法的步驟 1 和步驟 2 皆得到證明。因此，根據數學歸納法，主張 $Q(n)$ 對於 1 以上的任意整數 n 皆成立。

圖示說明

主張 $Q(n)$ 也可用圖形來說明。例如將 $Q(5)$ 表示成圖形（Fig.4-3）。

Fig.4-3　$Q(5)$ 的圖示

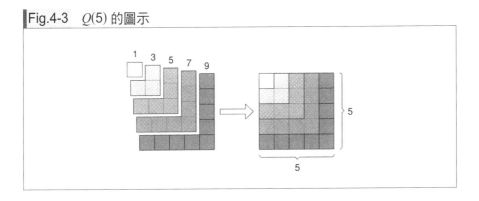

1 片磁磚、3 片磁磚、5 片磁磚、7 片磁磚、9 片磁磚全部排在一起，可作成 5×5 尺寸的正方形。大家應該有看出，這正好相當於主張 $Q(5)$。

使用圖形說明比較可以直觀地理解。但是，太過依賴圖形會有危險，下一節就來看被圖形迷惑的例子。

黑白棋問題——錯誤的數學歸納法

接著來看使用數學歸納法時，被圖形迷惑的例子。這邊已經準備好問題，試找出證明錯誤的地方。

問題（黑白棋的棋子顏色）

黑白棋的棋子一面為白色、另一面為黑色。現在，假設好幾顆黑白棋的棋子分散投擲於盤面上，有時可能投出全部白色或者黑色，也有可能某些棋子為白色、某些棋子為黑色。

Fig.4-4　黑白棋的棋子顏色（一面為白色、另一面為黑色）

然而，使用數學歸納法，能夠「證明」投擲的黑白棋必為相同顏色！當然，實際上不可能發生這樣的情況。

那麼，請找出下述「證明」錯誤的地方。

假設 n 為 1 以上的整數，使用數學歸納法證明下述主張 $T(n)$ 對於 1 以上的所有整數 n 皆成立。

・主張 $T(n)$：投擲 n 顆黑白棋時，所有棋子必為相同顏色。

●步驟 1：基底的證明

證明 $T(1)$ 成立。

$T(1)$ 是「投擲 1 顆黑白棋時，所有棋子必為相同顏色」。由於棋子僅有 1 顆，朝上的顏色當然也只有 1 種，所以 $T(1)$ 成立。

這樣步驟 1 就證明完成。

● 步驟 2：歸納的證明

證明 k 為 1 以上的任意整數時，「若 $T(k)$ 成立，則 $T(k+1)$ 也成立」。

首先，假設 $T(k)$「投擲 k 顆黑白棋時，所有棋子必為相同顏色」成立。投擲 k 顆黑白棋後，再另外投擲 1 顆棋子，這樣投出的棋子全部有 $k+1$ 顆。

這邊將投出的棋子分成各 k 顆的兩個群組，分別稱為 A 和 B（Fig.4-5）。

Fig.4-5　將投出的棋子分成各 k 顆的兩個群組

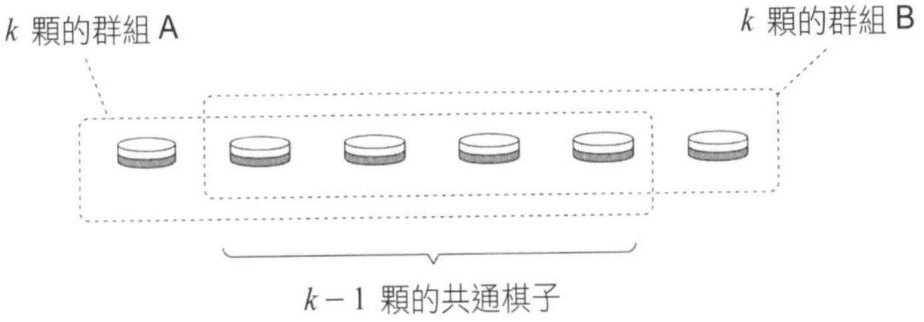

因為假設「投擲 k 顆黑白棋時，所有棋子必為相同顏色」，所以群組 A 的棋子（k 顆）和群組 B 的棋子（k 顆）顏色各自相同。由 Fig.4-5 來看，同時屬於兩個群組的棋子有 $k-1$ 顆。各群組的棋子顏色各自相同，又兩群組存在共通的棋子，所以 $k+1$ 顆的棋子全部為相同顏色。這正是主張 $T(k+1)$。

這樣步驟 2 就證明完成。

根據數學歸納法，主張 $T(n)$ 對於 1 以上的所有整數 n 皆成立。那麼，這個證明什麼地方出錯了？

提示：不要被圖形迷惑了

數學歸納法是由兩個步驟所組成，我們來細讀步驟 1 和步驟 2，檢查哪邊出現錯誤。請注意不要被圖形迷惑了。

問題的解答

步驟 1 沒有錯誤。若是 1 顆棋子，當然會是相同顏色。

錯誤出現在步驟 2 的圖形（Fig.4-5），這張圖其實在 $k=1$ 時不成立。$k=1$ 時，兩個群組分別為 1 顆棋子，兩群組共通的棋子有 $k-1$ 個，但因為 $k-1=0$，所以不存在同屬兩群組的棋子（Fig.4-6）。

Fig.4-6　$k=1$ 的情況

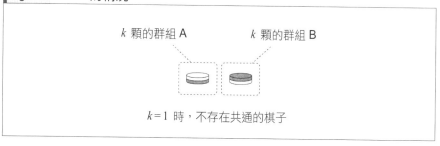

k 顆的群組 A　　　　k 顆的群組 B

$k=1$ 時，不存在共通的棋子

因此，數學歸納法的兩步驟中，步驟 2 未證明完成。

圖形是便利的工具，但由本例可知，僅確認圖形是有危險的。

程式與數學歸納法

本節試著從程式的角度來看數學歸納法。

以迴圈表達數學歸納法

程式設計師在學習數學歸納法時，以程式來思考證明會比較容易理解。例如，List 4-1 的程式碼是，輸出「主張 $P(n)$ 對於 0 以上的整數 n 皆成立的證明」的 C 語言函數。完成步驟 1 和步驟 2 的證明後，僅需呼叫這個函數，就能輸出 $P(n)$ 對於任意 n 皆成立的證明。

List 4-1　輸出證明 $P(n)$ 成立的函數 prove

```
void prove(int n)
{
    int k;

    print("現在來證明 P(%d)成立。\n",n);
    k=0;
    printf("根據步驟 1，P(%d)成立。\n",k);
    while (k < n) {
        printf("根據步驟 2，「若 P(%d)成立，則 P(%d)也成立」。
\n",k,k+1);
        printf("因此，「P(%d)成立」。\n",k+1);
        k=k+1;
    }
    print("證明結束。\n");
}
```

呼叫函數 prove(n)給定實際的數後，就能輸出主張 $P(n)$ 成立的證明。

例如，呼叫 prove(0)，會如下輸出主張 $P(0)$ 的證明。

> 現在來證明 $P(0)$ 成立。
>
> 根據步驟 1，$P(0)$ 成立。
>
> 證明結束。

又如，呼叫 prove(1)，會如下輸出主張 $P(1)$ 的證明。

> 現在來證明 $P(1)$ 成立。
>
> 根據步驟 1，$P(0)$ 成立。
>
> 根據步驟 2，「若 $P(0)$ 成立，則 $P(1)$ 也成立」。
>
> 因此，「$P(1)$ 成立」。
>
> 證明結束。

再如，呼叫 prove(2)，會如下輸出主張 $P(2)$ 的證明。

現在來證明 $P(2)$ 成立。

根據步驟 1，$P(0)$ 成立。

根據步驟 2，「若 $P(0)$ 成立，則 $P(1)$ 也成立」。

因此，「$P(1)$ 成立」。

根據步驟 2，「若 $P(1)$ 成立，則 $P(2)$ 也成立」。

因此，「$P(2)$ 成立」。

證明結束。

由函數 prove 的動作結果可知，會先在步驟 1 證明出發點，再逐次增加 k 來反覆循環步驟 2。C 語言的 int 型態有其大小限制，實際上無法完成無窮的證明，但反覆步驟 2 的證明，就能了解從 $P(0)$ 到 $P(n)$ 的證明機制。

閱讀這個程式碼，應該就能理解數學歸納法「僅需證明步驟 1 和步驟 2，就能證明對於 0 以上的任意整數 n 也成立」的思維。這就像是每次爬上一層階梯（Fig.4-7）。

Fig.4-7　函數 prove 的動作

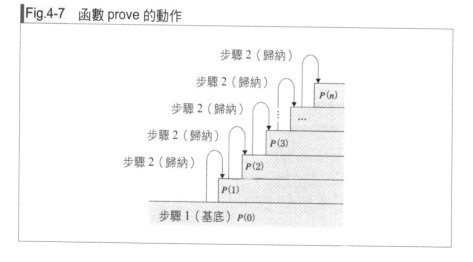

在學校第一次接觸數學歸納法時，我一點都不明白其中的機制。雖然算式本身並不困難，但我不認同數學歸納法是有效的證明。我當時對於步驟 2 假設 $P(k)$ 成立來推導 $P(k+1)$ 這件事感到相當困惑。我認為：「$P(k)$ 不是現在準備證明的式子嗎？若直接假設成立，哪裡還需要證明！」現在回想起來，我那時是將給定 prove 的**引數**n（目標的階梯）和 prove 中使用的**局部變數**k（中途的階梯）搞混在一起了。

迴圈不變性

熟習數學歸納法的思維對程式設計師來說非常重要。例如，在建構循環處理（迴圈）程式時，數學歸納法能帶來幫助。

在建構迴圈時，發掘每輪迴圈皆成立的邏輯式很重要。這樣的迴圈稱為**迴圈不變性**或者迴路不變量（loop invariant）。迴圈不變性相當於數學歸納法證明的「主張」。

迴圈不變性用於證明程式正確的時候。建構迴圈時，思索「此迴圈的迴圈不變性為何？」能夠減少錯誤發生。

這麼說明或許不容易理解，下面舉個非常簡單的例子來說明。

List 4-2 是用 C 語言編寫求陣列元素和的函數 sum，引數 array[] 是欲求和的陣列、size 是該陣列的元素數。呼叫函數 sum 後，能夠得到從 array[0] 加到 array[size-1] 的 size 個元素數的和。

List 4-2　求陣列元素和的函數 sum

```c
int sum(int array[], int size)
{
    int k=0;
    int s=0;
    while (k<size){
        s=s+array[k];
        k=k+1;
    }
    return s;
}
```

函數 sum 使用了簡單的 while 迴圈。這邊將此迴圈視為數學歸納法，如下討論主張 $M(n)$。這個主張 $M(n)$ 會是迴圈不變性。

・主張 $M(n)$：陣列 array 最初 n 個元素的和等於變數 s 的值。

將程式各處成立的主張寫成註解，則程式碼如 List 4-3 所示。

List 4-3　將 List 4-2 各處成立的主張寫成註解

```
 1: int sum(int array[], int size)
 2: {
 3:     int k = 0;
 4:     int s = 0;
 5:     /* M(0) */
 6:     while (k < size) {
 7:         /* M(k) */
 8:         s = s + array[k];
 9:         /* M(k+1) */
10:         k = k + 1;
11:         /* M(k) */
12:     }
13:     /* M(size) */
14:     return s;
15: }
```

　　List 4-3 的第 4 行使用 0 初始化 s，所以第 5 行的 $M(0)$ 成立。$M(0)$ 是「陣列 array 最初 0 個元素的和等於變數 s 的值」的主張，相當於數學歸納法的步驟 1。

Fig.4-8　數學歸納法的步驟 1（$M(0)$ 成立）

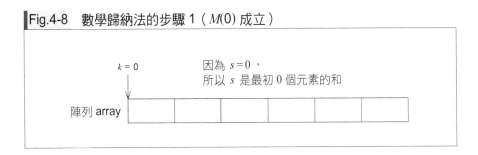

　　第 7 行是 $M(k)$ 成立。然後，經過第 8 行的處理後，陣列 array[k] 的值會不斷加進 s 中，所以 $M(k+1)$ 成立。這相當於數學歸納法的步驟 2。

Fig.4-9　數學歸納法的步驟 2（ $M(k) \Rightarrow M(k+1)$ 成立）

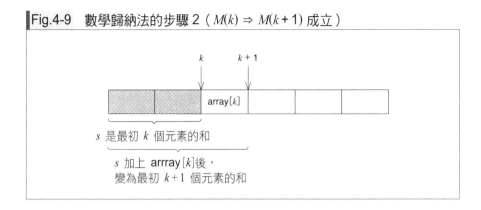

第 8 行的處理：

```
s = s + array[k];
```

意為「在 $M(k)$ 成立的前提下，$M(k+1)$ 也會跟著成立」。

第 10 行的 k 增加 1 後，在第 11 行變成 $M(k)$ 成立。這樣就準備好下一個步驟的變數 k。

最後，第 13 行是 M（size）成立。因為在 while 中的 k 不斷增加 1，期間一直滿足 $M(k)$，而執行到第 13 行時，k 會等於 size。然後，M（size）成立正是此函數 sum 的目的。因此，在第 14 行鍵入 return。

Fig.4-10　達成函數 sum 的目的（ M（size）成立）

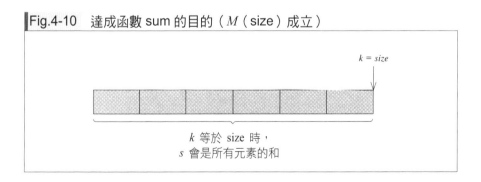

　　此迴圈簡單來說就是，確保在 k 從 0 增加到 size 的過程中迴圈不變性 $M(k)$ 成立。在建構迴圈時，需要注意兩個地方：其一是「達成目的」，另一是「迴圈結束」。迴圈不變性 $M(k)$ 是為了確保「達成目的」，而 k 從 0 增加到 size 確保了「迴圈結束」。

　　在 List 4-4，描述了在 k 逐次增加的過程中 $M(k)$ 成立的情況（∧意為「且」）。

List 4-4　在 k 逐次增加的過程中 $M(k)$ 成立

```c
int sum(int array[], int size)
{
    int k = 0;
    int s = 0;
    /* M(k) ∧ k == 0 */
    while (k < size) {
        /* M(k) ∧ k < size */
        s = s + array[k];
        /* M(k+1) ∧ k < size */
        k = k + 1;
        /* M(k) ∧ k <= size */
    }
    /* M(k) ∧ k == size */
    return s;
}
```

　　大家是否掌握了迴圈不變性 $M(k)$ 在迴圈期間一直保持成立的情況呢？

本章學到的東西

　　本章中，我們學到了數學歸納法。數學歸納法是證明「某主張對於 0 以上的所有整數 n 皆成立」的方法。僅需要證明兩個步驟，就能完成無窮 n 的證明，非常有意思。

　　數學歸納法的證明流程就像是推倒關於整數的多米諾骨牌。我們需要讓「下一個骨牌」順利倒下，來構成步驟 2 的證明。為此，必須了解「從 $P(k)$ 推導至 $P(k+1)$」的機制。數學歸納法的思維對於程式設計師在編寫迴圈時也很重要。

　　在下一章，我們將要學習計數的方法。

⊙ 課後對話

老師：「首先，向前跨出一步。」

學生：「好的。」

老師：「接著，想辦法讓另一腳跨出步伐。」

學生：「這麼做之後呢？」

老師：「這樣便能夠走到無窮的彼端。這就是數學歸納法。」

第 **5** 章

排列組合

——解決計數問題的方法

◉課前對話

學生：「計算情況數好難喔。」

老師：「要訣就是不遺漏、不重複。」

學生：「意思是要仔細計數？」

老師：「光這樣不夠喔。」

學生：「還需要什麼東西？」

老師：「還需要發掘計數事物的性質。」

本章要學的東西

　　在本章，我們會學習「計數」的相關內容。在日常生活、程式設計上，正確無誤計數龐大數量的事物非常重要。該怎麼做才能不遺漏、不重複地計數呢？

　　我們會先學習「計數」就是與整數的對應，接著穿插具體例子來介紹加法原理、乘法原理、置換、排列、組合等「計數原理」。但是，請不要死記硬背這些原理，而是關注它們是如何推導出來的——怎麼「不遺漏、不重複地」與整數對應。

什麼是計數——與整數的對應

什麼是計數？

　　我們每天的生活都需要計數事物。

・出門購物，計數蘋果的數量。

・搭乘電車時，計數需要幾站抵達目的地。

・在撲克牌遊戲中，計數自己持有的張數。

　　如同上述，對我們來說，「計數」是習以為常的行為。然而，「計數」究竟是什麼樣的行為呢？

　　例如，計數眼前排列的卡牌時，我們會做出如下動作：

・從未計數的卡牌 Z 中抽出 1 張，數「1」。

・從未計數的卡牌 Z 中抽出 1 張，數「2」。

・從未計數的卡牌 Z 中抽出 1 張，數「3」。

・從未計數的卡牌 Z 中抽出 1 張……。

　　不斷重複直到抽完全部的卡牌，最後說出的數就是卡牌的張數*。說穿了，就是將自己想要計數的東西與整數對應。如果能正確對應，就可正確計數。

注意「遺漏」和「重複」

　　計數時必須注意「遺漏」和「重複」。

　　遺漏是指沒有全部數完，途中有漏掉的數。換言之，就是「明明還有未計數的事物，卻認為已經全部數完」。

　　重複跟「遺漏」相反，是再次計數已經數過的事物。

　　若有「遺漏」「重複」，就無法正確計數。相反地，沒有「遺漏」「重複」就能正確計數。

　　我們在計數卡牌時，會使用手指來對應整數。然而，此方法僅適用於卡牌張數較少的情況。如果卡牌有數千張、數萬張，就難以用手指計數。

　　事物多到無法直接計數時，需要有將欲數事物對應整數的「規則」。為此，我們必須理解欲數事物具有什麼性質、結構。請記住這點，接著來討論具體的問題吧。

種樹計算──不要忘記 0

種樹問題

◆問題……種樹計算

　　在長 10 公尺的道路上，從路的一端每隔 1 公尺種樹，試問需要多少棵樹木？

◆解答

　　從路的一端每隔 1 公尺種樹，也就是在距離路的一端 0、1、2、3、4、5、6、7、8、9、10 公尺的位置種樹，因此需要 11 棵樹木。

---

* 嚴格來說，此方法不能夠計數 0 張卡牌。

Fig.5-1　在長 10 公尺的道路上每隔 1 公尺種樹

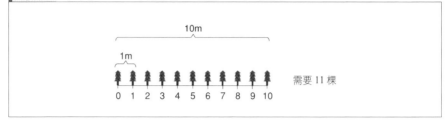

● 種樹計算

　　應該有人不小心算成 10÷1＝10，認為答案是 10 棵。但我們不可忘記 0。順便一提，10÷1 的除法結果 10，不是樹木的棵數而是「兩樹的間隔個數」。

◆ 問題……最後的號碼

　　將程式處理 100 個數據存取到記憶體上，從第一個依序編號為 0 號、1 號、2 號、3 號、……，試問最後一個數據的編號是幾號？

◆ 解答

　　我們如下整理：

　　　　・第 1 個數據是 0 號
　　　　・第 2 個數據是 1 號
　　　　・第 3 個數據是 2 號
　　　　・第 4 個數據是 3 號
　　　　・……
　　　　・第 k 個數據是 $k-1$ 號
　　　　・……
　　　　・第 100 個數據是 99 號

● 轉為一般化的規則

　　這個問題的本質跟種樹計算一樣。一般來說，如果對 n 個數據從 0 號開始編號，最後一個數據會是 $n-1$ 號。

出成考試題目時，很少有人會答錯，但在實際的程式設計上，卻有非常多人疏忽相同問題。如同上述，

‧第 k 個是 $k-1$ 號

轉為一般化的規則來理解，就能順利將欲計數的事物對應整數——也就是能正確地計數。這一點很重要。

計數事物較少時，我們可直接用手指來計數。然而，我們不能就這樣停止思考，應該進一步找出一般化的規則，以便「將欲數事物對應整數」。這就是所謂的「發掘欲數事物的性質」。

例如在種樹計算中，如果棵數較少，可用手指計數（Fig.5-2）。

Fig.5-2　樹木棵數較少時

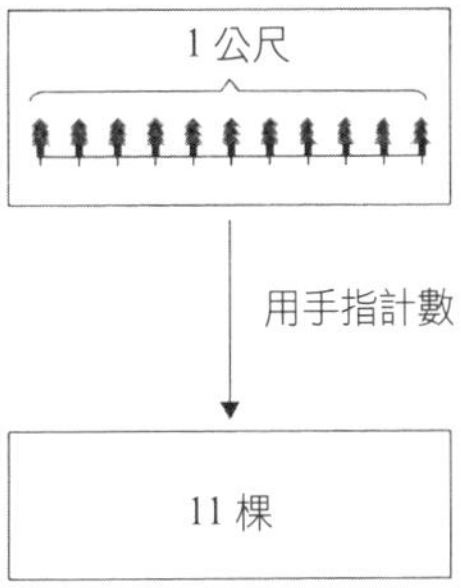

除此之外，可進一步使用變數 *n* 轉為一般化的規則（Fig.5-3）。

如此一來，就算遇到手指數不盡的大數，也能解決問題（Fig.5-4）。

Fig.5-3　將問題一般化

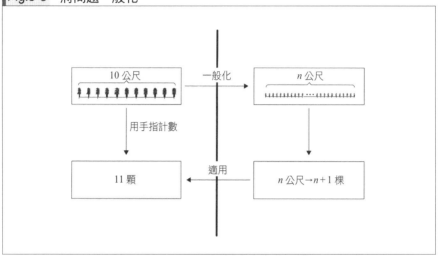

Fig.5-4　一般化後，即便遇到大數也能求解

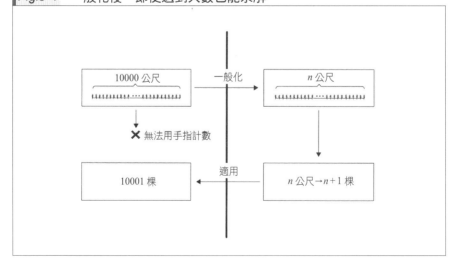

加法原理

計數分成兩個集合的事物時，可使用加法原理。

加法原理

◆問題

一副撲克牌有紅心數字牌 10 張（A、2、3、4、5、6、7、8、9、10）和紅心人頭牌 3 張（J、Q、K），試問紅心牌全部共有幾張？

◆問題的解答

數字牌 10 張和人頭牌 3 張加起來為 13 張。

●加法原理

雖然上述例子過於簡單，但裡頭使用了**加法原理**。加法原理是指，相加元素沒有「重複」的兩集合 A、B，得到集合 A∪B 的元素數。

A∪B 的元素數＝A 的元素數＋B 的元素數

假設集合 A 的元素數為 |A|、集合 B 的元素數為 |B|，則加法原理可如下表達：

$$|A \cup B| = |A| + |B|$$

在上面的問題中，集合 A 相當於紅心數字牌、集合 B 相當於紅心人頭牌。

紅心牌的張數＝紅心數字牌的張數＋紅心人頭牌的張數

但是，**加法原理僅成立於集合元素沒有重複的情況**。若出現重複時，則需要減去重複部分才能求出正確的數目。我們可用下面的問題來驗證。

◆問題……調整照明的撲克牌

一副撲克牌有 13 種大小（A、2、3、4、5、6、7、8、9、10、J、Q、K），其中 A 為整數 1、J 為整數 11、Q 為整數 12、K 為整數 13。

Fig.5-5 撲克牌的大小

| 1 ♡ | 2 ♡ | 3 ♡ | 4 ♡ | 5 ♡ | 6 ♡ | 7 ♡ | 8 ♡ | 9 ♡ | 10 ♡ | 11 ♡ | 12 ♡ | 13 ♡ |

A   J   Q   K

你眼前有一台可插入撲克牌的照明機器，它會根據紙牌大小來調整照明。假設插入紙牌的大小（1 到 13 的整數）為 n，

· 若 n 為 2 的倍數，則點亮照明；
· 若 n 為 3 的倍數，也點亮照明；
· 若 n 既不為 2 的倍數也不為 3 的倍數，則熄滅照明。

試問機器依序插入 13 張紅心牌，會有多少張紙牌點亮照明呢？

◆問題的解答
· 1 到 13 中 2 的倍數有 2、4、6、8、10、12，共有 6 個數；
· 1 到 13 中 3 的倍數有 3、6、9、12，共有 4 個數；
· 2 的倍數和 3 的倍數重複 6、12，共有 2 個數。

因此，點亮照明的紙牌張數為 $6 + 4 - 2 = 8$ 張。

●排容原理

大家有注意到 2 的倍數和 3 的倍數有「重複」嗎？兩者的共通部分（重複部分）是 6 的倍數（Fig.5-6）。

Fig.5-6　排容原理（2 的倍數和 3 的倍數）

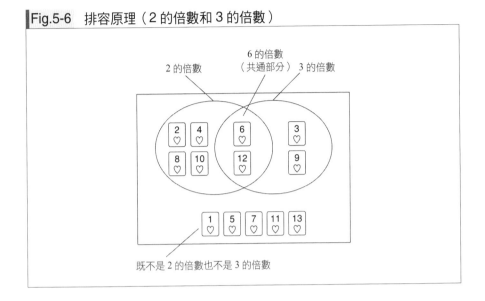

將 2 的倍數個數加上 3 的倍數個數，再減去重複的個數，這種做法稱為**排容原理**（The Principle of Inclusion and Exclusion）。這是「考慮重複部分的加法原理」。

> A 和 B 組成的集合元素數 = A 的元素數 + B 的元素數 − A 和 B 共通的元素數

假設集合 A 的元素數為 |A|，則排容原理可如下表達：

$$|A \cup B| = |A| + |B| - |A \cap B|$$

簡單來說，就是 A 的元素數 |A| 加上 B 的元素數 |B|，再減去重複的元素數 |A∩B|。

使用排容原理時，必須看穿「重複的元素數有多少？」這也是「發掘欲數事物的性質」的例子。

乘法原理

接著來討論由兩集合作成「元素配對」時的原理。

乘法原理

◆問題……紅心的張數

一副撲克牌有紅心、黑桃、方塊、梅花共 4 種花色，各花色分別有 A、
2、3、4、5、6、7、8、9、10、J、Q、K 共 13 種大小。試問一副撲克牌
全部共有幾張（這邊排除鬼牌）？

◆問題的解答

在一副撲克牌中，4 種花色分別有 13 種大小，所以欲求張數為 4×13
$= 52$ 張

●乘法原理

將撲克牌排成長方形（Fig.5-7），就能明白為什麼是用乘法來計算元素數。

Fig.5-7　實際排列撲克牌

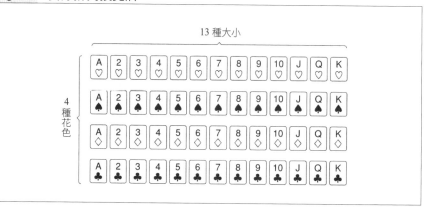

撲克牌有 4 種花色，各花色分別有 13 種大小。當出現「分別有」的字眼，大多能使用乘法來求結果。這也是「發掘欲求事物的性質」的例子之一。

這邊使用的是**乘法原理**。

已知有兩集合 A 和 B，想要將 A 的所有元素配對 B 的所有元素。此時，配對的總數會是兩集合的元素數相乘。假設集合 A 的元素數為 |A|、集合 B 的元素數為 |B|，則元素的配對數會是：

$$|A| \times |B|$$

假設從集合 A 和集合 B 各取出 1 個元素配對的集合為 A×B，可記為：

$$|A \times B| = |A| \times |B|$$

令 A 為撲克牌花色的集合、B 為撲克牌大小的集合，所有元素列舉如下：

集合 A = ﹛紅心, 黑桃, 方塊, 梅花﹜
集合 B = ﹛A, 2, 3, 4, 5, 6, 7, 8, 9, 10, J, Q, K﹜

然後，集合 A×B 的元素列舉如下：

集合 A×B = ﹛（紅心, A），（紅心, 2），（紅心, 3），……，（紅心, K）
（黑桃, A），（黑桃, 2），（黑桃, 3），……，（黑桃, K）
（方塊, A），（方塊, 2），（方塊, 3），……，（方塊, K）
（梅花, A），（梅花, 2），（梅花, 3），……，（梅花, K）﹜

由於撲克牌僅有 52 張紙牌，因此，可以如 Fig.5-7 全部畫出來確認。但是，即便遇到無法全部畫出來的大數，只要明白欲數事物的性質，就能冷靜下來計算。我們來練習問題吧。

◆問題……3 顆骰子

排列 3 顆標有數字 1 到 6 的骰子，作成一個 3 位數，試問全部可作成多少個 3 位數？（例如 Fig5-8 排列的是 255。）

Fig.5-8 排列 3 顆骰子作成 3 位數

◆問題的解答

第 1 顆骰子有 1、2、3、4、5、6，共 6 種情況。

第 1 顆骰子有 6 種情況，第 2 顆骰子分別有 6 種情況，所以排到第 2 顆會有 6×6 種情況（乘法原理）。

第 1 顆骰子有 6 種情況、第 2 顆骰子分別有 6 種情況，第 3 顆骰子也分別有 6 種情況，所以排到第 3 顆會有 6×6×6＝216 種情況（乘法原理）。故可作成 216 個 3 位數。

◆問題……32 個燈泡

1 盞燈泡有點亮／熄滅 2 種狀態。試問配置 32 盞燈泡時，全部共有多少種點燈／熄滅模式？

Fig.5-9 32 盞燈泡

◆問題的解答

第 1 盞燈泡有點亮／熄滅 2 種點滅模式。

第 2 盞燈泡分別有點亮／熄滅 2 種點滅模式。因此，根據乘法原理，配置到第 2 盞時，會有 2×2＝4 種點滅模式。

第 3 盞燈泡也分別有點亮／熄滅 2 種點滅模式。因此，根據乘法原理，配置到第 3 盞時，會有 2×2×2＝8 種點滅模式。

同理，配置到第 32 盞燈泡時，點滅模式全部共有

$$\underbrace{2 \times 2 \times \cdots \times 2}_{32 \text{ 個}} = 2^{32} = 4294967296 \text{ 種} \circ$$

32 盞燈泡的點滅模式數跟用 32 位元表達的數值總數一樣。由於各位元為 0 或 1 其中一種數值（2 種），所以 32 位元可表達的數值總數為 $2^{32} = 4294967296$ 個。

一般來說，二進制 n 位元可表達的數值總數為 2^n。對程式設計師來說，這是非常基本的知識。

置換

接下來，我們試著計數稍微複雜的事物。

置換

◆問題……置換 3 張卡牌

已知有 3 張卡牌 A、B、C，如 ABC、ACB、BAC、……考慮順序排列。試問全部共有多少種排法？

◆問題的解答

3 張卡牌的排法共有 6 種（Fig.5-10）。

Fig.5-10　3 張卡牌的排法

| A B C | A C B | B A C | B C A | C A B | C B A |

●置換

將 n 個事物考慮順序來排列稱為**置換**（substitution；全排列）。

3 張卡牌 A、B、C 的置換總數可如下計算。

第 1 張卡牌（置於最左邊的卡牌）能選擇 A、B、C「3 張中的 1 張」。換言之，**第 1 張的選法有 3 種**。

第 2 張卡牌能選擇第 1 張卡牌選剩的「2 張中的 1 張」。換言之，**第 2 張的選法與第 1 張的選法對應，分別有 2 種**。

第 3 張卡牌能選擇第 1 張、第 2 張卡牌選剩的「1 張中的 1 張」（雖說是選擇，但也僅能「被迫選擇剩下的 1 張」）。換言之，第 3 張的選法與第 1 張、第 2 張的選法對應，分別有 1 種。

因此，3 張卡牌的排列方式（置換總數）為第 1 張的選法×第 2 張的選法×第 3 張的選法 =3×2×1＝6 種。

試著一般化

這次將卡牌增加到 5 張，討論 5 張卡牌（A、B、C、D、E）的置換總數。套用 3 張卡牌時的思維：

- 第 1 張的選法有 5 種；
- 第 2 張的選法分別有 4 種；
- 第 3 張的選法分別有 3 種；
- 第 4 張的選法分別有 2 種；
- 第 5 張的選法分別有 1 種。

因此，5 張卡牌的置換總數為 5×4×3×2×1 = 120 種。

●階乘

仔細觀察可發現，上式是 5、4、3、2、1 逐次減 1 的整數相乘。在討論情況數時，經常出現這種乘法，所以有了 5! 這樣的表記法：

$$5! = 5 \times 4 \times 3 \times 2 \times 1$$

5! 稱為 5 **階乘**（factorial），因如同下階梯一樣相乘數字而得名。
試著實際計算階乘的值吧。

$$5! = 5 \times 4 \times 3 \times 2 \times 1 = 120$$
$$4! = 4 \times 3 \times 2 \times 1 = 24$$
$$3! = 3 \times 2 \times 1 = 6$$
$$2! = 2 \times 1 = 2$$
$$1! = 1 = 1$$
$$0! = 1$$

0 階乘 0! 不是 0，而是約定俗成定義為 1。

一般來說，n 張卡牌考慮順序排列的置換總數如下：

$$n! = \underbrace{n \times (n-1) \times (n-2) \times \cdots \times 2 \times 1}_{n \text{ 個}}$$

學生：「為什麼 0! 是 1 ？」

老師：「這是定義。」

學生：「我無法認同。0! 感覺會是 0 啊⋯⋯」

老師：「這樣一來，第一個多米諾骨牌將無法倒下。」

學生：「多米諾骨牌？」

老師：「後面會提到階乘的遞迴定義（第 156 頁），到時再來說明吧。」

問題（撲克牌的排法）

◆問題⋯⋯撲克牌的置換
　　試問 52 張撲克牌（不含鬼牌）排成一列的排法共有幾種？

◆問題的解答
　　因為是 52 張撲克牌的置換，所以

$$52! = 52 \times 51 \times 50 \times \cdots \times 1$$
$$= 80658175170943878571660636856403766975289505440883277824000000000000$$

　　沒想到會是如此龐大的數吧。這邊將 1!～52! 製成一覽表（Table 5-1）。當 n 愈大，$n!$ 會呈現爆炸性增長。

排列

　　前一節學習的置換是將 n 個事物全部排列出來。本節來討論從 n 個事物中僅選出一部分的「排列」。

排列

◆問題……從 5 張卡牌中選出 3 張排列
　　假設你手中有 5 張卡牌 A、B、C、D、E，想從這 5 張卡牌中選出 3 張考慮順序排列。試問共有幾種排法？

◆問題的解答
　　所有的排法會如 Fig.5-11 所示。

Fig.5-11　從 5 張卡牌中選出 3 張排列

A B C	A C B	B A C	B C A	C A B	C B A
A B D	A D B	B A D	B D A	D A B	D B A
A B E	A E B	B A E	B E A	E A B	E B A
A C D	A D C	C A D	C D A	D A C	D C A
A C E	A E C	C A E	C E A	E A C	E C A
A D E	A E D	D A E	D E A	E A D	E D A
B C D	B D C	C B D	C D B	D B C	D C B
B C E	B E C	C B E	C E B	E B C	E C B
B D E	B E D	D B E	D E B	E B D	E D B
C D E	C E D	D C E	D E C	E C D	E D C

Table 5-1　1!～52!

```
 1! = 1
 2! = 2
 3! = 6
 4! = 24
 5! = 120
 6! = 720
 7! = 5040
 8! = 40320
 9! = 362880
10! = 3628800
11! = 39916800
12! = 479001600
13! = 6227020800
14! = 87178291200
15! = 1307674368000
16! = 20922789888000
17! = 355687428096000
18! = 6402373705728000
19! = 121645100408832000
20! = 2432902008176640000
21! = 51090942171709440000
22! = 1124000727777607680000
23! = 25852016738884976640000
24! = 620448401733239439360000
25! = 15511210043330985984000000
26! = 403291461126605635584000000
27! = 10888869450418352160768000000
28! = 304888344611713860501504000000
29! = 8841761993739701954543616000000
30! = 265252859812191058636308480000000
31! = 8222838654177922817725562880000000
32! = 263130836933693530167218012160000000
33! = 8683317618811886495518194401280000000
34! = 295232799039604140847618609643520000000
35! = 10333147966386144929666651337523200000000
36! = 371993326789901217467999448150835200000000
37! = 13763753091226345046315979581580902400000000
38! = 523022617466601111760007224100074291200000000
39! = 20397882081197443358640281739902897356800000000
40! = 815915283247897734345611269596115894272000000000
41! = 33452526613163807108170062053440751665152000000000
42! = 1405006117752879898543142606244511569936384000000000
43! = 60415263063373835637355132068513997507264512000000000
44! = 2658271574788448768043625811014615890319638528000000000
45! = 119622220865480194561963161495657715064383733760000000000
46! = 5502622159812088949850305428800254892961651752960000000000
47! = 258623241511168180642964355153611979969197632389120000000000
48! = 12413915592536072670862289047373375038521486354677760000000000
49! = 608281864034267560872252163321295376887552831379210240000000000
50! = 30414093201713378043612608166064768844377641568960512000000000000
51! = 1551118753287382280224243016469303211063259720016986112000000000000
52! = 80658175170943878571660636856403766975289505440883277824000000000000
```

●排列

上述問題的排列方式稱為「5 張選出 3 張的**排列**（permutation；部分排列）」。

跟置換一樣，排列也需要考慮順序。例如 ABD 和 ADB 兩者都是選出 A、B、D 3 張卡牌，但由於排列順序不一樣，因此算作不同的排法。

在求從 5 張選出 3 張的排列總數時，會一張張排列直到排出必要的張數。換言之，情況如下：

- 第 1 張的選法有 5 種；
- 第 2 張的選法分別有 4 種；
- 第 3 張的選法分別有 3 種。

因此，共有 $5 \times 4 \times 3 = 60$ 種排法。

試著一般化

假設從 n 張卡牌中選出 k 張排列：

- 因為是「從 n 張中選出 1 張」，所以第 1 張的選法有 n 種；
- 第 2 張的選法分別有 $n-1$ 種；
- 第 3 張的選法分別有 $n-2$ 種；
- ……
- 第 k 張的選法分別有 $n-k+1$ 種。

因此，從 n 張卡牌中選出 k 張的排列總數會是：

$$n \times (n-1) \times (n-2) \times \cdots \times (n-k+1)$$

這個式子非常重要，不可跳過忽略。尤其，讀者一定要明白最後一項的 $(n-k+1)$ 才行。

為了清楚表示乘到第幾項，試著將首項的 n 寫成 $(n-0)$、末項的 $(n-k+1)$ 寫成 $(n-(k-1))$。這樣一來，可寫成如下：

$$\underbrace{(n-0) \times (n-1) \times (n-2) \times \cdots \times (n-(k-1))}_{k \text{個}}$$

n 減去的數為「0 到 $k-1$」，由此可知共有 k 項相乘。這邊使用到本章開頭介紹的「種樹計算」思維。

如同上述，從 n 張卡牌中選出 k 張排成一列的方法數記為：

$$_n\mathrm{P}_k{}^*$$

則下式成立：

$$_n\mathrm{P}_k = \underbrace{n \times (n-1) \times (n-2) \times \cdots \times (n-k+1)}_{n\,個}$$

P 是排列的英文 permutation 的首字母。只要給定 n 和 k 兩個數就能決定排列總數。

例如，從 5 張卡牌中選出 3 張的排列總數是：

$$_5\mathrm{P}_3 = \underbrace{5 \times 4 \times 3}_{3\,個}$$

下面舉幾個例子：

$$_5\mathrm{P}_5 = \underbrace{5 \times 4 \times 3 \times 2 \times 1}_{5\,個} = 120$$

$$_5\mathrm{P}_4 = \underbrace{5 \times 4 \times 3 \times 2}_{4\,個} = 120$$

$$_5\mathrm{P}_3 = \underbrace{5 \times 4 \times 3}_{3\,個} = 60$$

$$_5\mathrm{P}_2 = \underbrace{5 \times 4}_{2\,個} = 20$$

$$_5\mathrm{P}_1 = \underbrace{5}_{1\,個} = 5$$

「從 5 張中選出 0 張的排列總數」記為 $_5\mathrm{P}_0$，但結果不是 0 而被定義為 1。換言之，

$$_5\mathrm{P}_0 = 1$$

---

* 亦可記為 P_k^n。

上一節的「置換」總數也可用此表記法來表達，n 個的置換總數記為：

$$_n\mathrm{P}_n$$

● 使用階乘表達

排列經常使用階乘記為：

$$_n\mathrm{P}_k = \frac{n!}{(n-k)!}$$

這記法感覺複雜難懂，但分母的 $(n-k)!$ 可與分子 $n!$ 後面的 $n-k$ 項約分。觀看下面的例子，應該就能明白意思。

$$_5\mathrm{P}_3 = \frac{5!}{(5-3)!}$$
$$= \frac{5 \times 4 \times 3 \times \cancel{2} \times \cancel{1}}{\cancel{2} \times \cancel{1}}$$
$$= 5 \times 4 \times 3$$

若使用階乘表記，數學式中不會出現「……」的省略符號，內容可變得更加明確。

樹狀圖──能夠發掘性質嗎？

從 3 張卡牌中選出 3 張排列時，由於同一張卡牌不能選 2 次，所以第 2 張、第 3 張的可選張數會逐漸減少。下面試著畫出樹狀圖來描述其模樣（Fig. 5-12）。

Fig.5-12　從 3 張卡牌中選出 3 張排列的樹狀圖

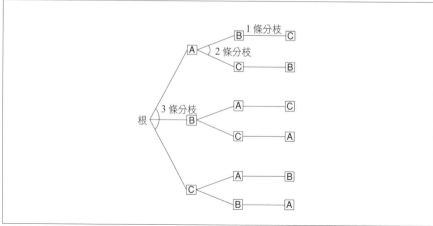

Fig.5-12 請想成是左端的「根」向右伸展「分枝」的樹木。從根伸展出的 3 條分枝表示了第 1 張卡牌的選法有 3 種；各條分枝分別伸展出 2 條分枝，表示了第 2 張卡牌的選法有 2 種；最後分別伸展出 1 條分枝。由此圖清楚可知，分枝條數是 3→2→1 逐漸減少。

我們來比較 Fig.5-12 的樹狀圖，與「從 3 種卡牌中**允許重複**地選出 3 張排列」的樹狀圖（Fig.5-13）。

Fig.5-13　從 3 種卡牌中允許重複地選出 3 張排列的樹狀圖

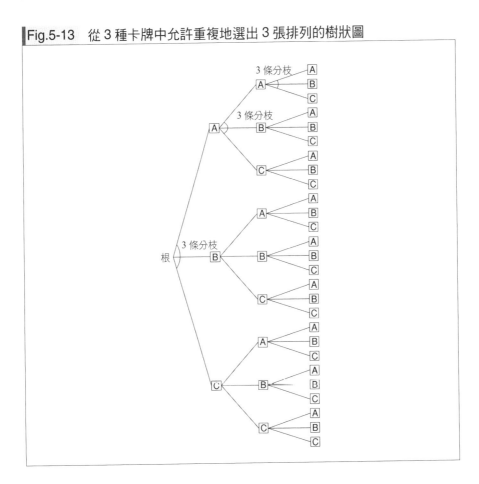

由圖可知，分枝每次都分別伸展出 3 條。同樣是「選出 3 張」，「從 3 張中選出 3 張」的情況數（Fig.5-12）和「從 3 種中允許重複地選出 3 張」的情況數卻不一樣。

由於性質不同，所以樹狀圖的形狀會有所改變。善用樹狀圖可以幫助「發掘欲數事物的性質」。

組合

置換和排列是「考慮順序地選出」的方法。在本節，我們來討論「不考慮順序地選出」的方法——組合。

組合

假設你手中有 5 張卡牌 A、B、C、D、E，想從這 5 張卡牌中不考慮順序地選出 3 張。換言之，這是以 3 張為 1 個群組的選法，例如 ABE 和 BAE 視為相同的選法。此時，3 張卡牌的選法共有 10 種：

Fig.5-14 從 5 張卡牌中選出 3 張的組合

Ⓐ Ⓑ Ⓒ
Ⓐ Ⓑ Ⓓ
Ⓐ Ⓑ Ⓔ
Ⓐ Ⓒ Ⓓ
Ⓐ Ⓒ Ⓔ
Ⓐ Ⓓ Ⓔ
Ⓑ Ⓒ Ⓓ
Ⓑ Ⓒ Ⓔ
Ⓑ Ⓓ Ⓔ
Ⓒ Ⓓ Ⓔ

這種選法稱為**組合**（combination）。「置換」「排列」需要考慮順序，但「組合」不需要考慮順序。

從 5 張中選出 3 張的組合總數，可如下討論：

- 首先，跟排列一樣「考慮順序」計數；
- 接著，除以重複計數的部分（重複度）。

首先，與排列一樣「考慮順序」計數，但這不是正確的「組合」。例如在排列中，ABC、ACB、BAC、BCA、CAB、CBA 會視為 6 種不同的事物，

但在組合中，這 6 種卻當作同一個群組。換言之，如排列考慮順序來選，會重複計數多達 6 倍。

這邊出現的數目 6（重複度），是 3 張卡牌考慮順序排列的方法數，也就是 3 張的置換總數（$3 \times 2 \times 1$）。由於考慮到順序才會重複計數，所以將排列總數除以重複度 6，就能求得組合總數。

從 5 張卡牌中選出 3 張的組合總數記為 $_5C_3$。C 是組合的英文 combination 的首字母。$_5C_3$ 計算如下：

$$
\begin{aligned}
_5C_3 &= \frac{\text{從 5 張中選出 3 張的排列總數}}{\text{3 張的置換總數}} \quad\begin{array}{l}\cdots\cdots\text{考慮順序的數}\\ \cdots\cdots\text{重複度}\end{array}\\
&= \frac{_5P_3}{_3P_3}\\
&= \frac{5 \times 4 \times 3}{3 \times 2 \times 1}\\
&= 10
\end{aligned}
$$

先考慮順序計數，再除以重複度，這是計算組合時常用的手法。

試著一般化

這邊將卡牌的張數一般化，求從 n 張卡牌中選出 k 張的組合總數吧。

首先，從 n 張卡牌中選出 k 張排列。但是，這樣會重複計數 k 張置換總數的量，所以除以該重複度：

$$
\begin{aligned}
_nC_k^* &= \frac{\text{從 n 張中選出 k 張的排列總數}}{\text{k 張的置換總數}}\\
&= \frac{_nP_k}{_kP_k}\\
&= \frac{\dfrac{n!}{(n-k)!}}{k!}\\
&= \frac{n!}{(n-k)!} \cdot \frac{1}{k!}\\
&= \frac{n!}{(n-k)!\,k!}
\end{aligned}
$$

---

* 亦可記為 C_k^n。

如同上述,從 n 張卡牌中選出 k 張的組合總數記為:

$$_nC_k = \frac{n!}{(n-k)!\,k!}$$

然而,在求具體數值時,以下的形式比較容易計算:

$$_nC_k = \frac{_nP_k}{_kP_k} = \underbrace{\frac{\overbrace{(n-0)\times(n-1)\times(n-2)\times\cdots\times(n-(k-1))}^{k\text{ 個}}}{(k-0)\times(k-1)\times(k-2)\times\cdots\times(k-(k-1))}}_{k\text{ 個}}$$

下面舉幾個例子:

$$_5C_5 = \frac{5\times4\times3\times2\times1}{5\times4\times3\times2\times1} \qquad = 1$$

$$_5C_4 = \frac{5\times4\times3\times2}{4\times3\times2\times1} \qquad = 5$$

$$_5C_3 = \frac{5\times4\times3}{3\times2\times1} \qquad = 10$$

$$_5C_2 = \frac{5\times4}{2\times1} \qquad = 10$$

$$_5C_1 = \frac{5}{1} \qquad = 5$$

$$_5C_0 = \frac{1}{1} \qquad = 1$$

置換、排列、組合的關係

講解完置換、排列、組合後,我們來整理它們的關係。

3 張卡牌 A、B、C 的**置換**,是如 Fig.5-15 考慮順序排列 3 張卡牌。

Fig.5-15　3 張卡牌（A、B、C）的置換

$$_3P_3 = 6$$

| ABC | ACB | BAC | BCA | CAB | CBA |

　　另一方面，從 5 張卡牌 A、B、C、D、E 中選出 3 張的組合，如Fig.5-16 所示。「組合」不需要考慮順序，可想成「順序是固定的」。由 Fig.5-16 所示的排法，可知一定會是 A、B、C、D、E 的順序。

Fig.5-16　從 5 張卡牌（A、B、C、D、E）中選出 3 張的組合

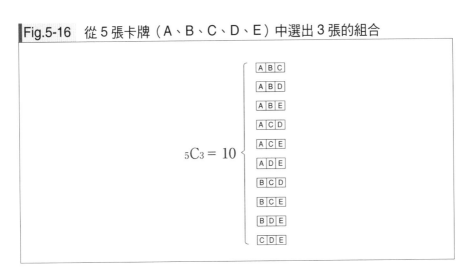

　　結合上述兩張圖，就能作出從 5 張卡牌 A、B、C、D、E 中選出 3 張的排列（Fig.5-17）。

Fig.5-17　從 5 張卡牌（A、B、C、D、E）中選出 3 張的排列

$_3P_3 \times {}_5C_3 = {}_5P_3$

$_3P_3 = 6$

$_5C_3 = 10$

　　這樣有了解為什麼置換和組合結合起來是排列嗎？置換是「3 張卡牌交替排列的方法」；組合是「選出 3 張卡牌的方法」，兩者結合起來會是「選出 3 張卡牌交替排列的方法」。

　　由 Fig.5-17 明顯可知下述關係：

　　　　「3 張的置換」×「從 5 張中選出 3 張的組合」=「從 5 張中選出 3 張的排列」

　　換言之，

　　　　$_3P_3 \times _5C_3 = _5P_3$

　　這個關係跟第 135 頁的 $_5C_3 = \dfrac{_5P_3}{_3P_3}$ 一樣。

練習問題

　　在本節，我們來求解計數的問題，各問題都沒有想像中的單純。重點不是強硬套用原理，而是發掘欲數事物的性質。

重複組合

◆問題……藥品的調和

　　假設現在要調和粒狀藥品製作新藥，藥品有 A、B、C 共 3 種，新藥的調和規則如下：

　　　　・從 A、B、C 中，共選出 100 粒調和；

　　　　・ A、B、C 至少各含有 1 粒以上；

　　　　・不需要考慮藥品的調和順序；

　　　　・同種的藥粒沒有區別。

　　試問新藥調和的組合共有幾種？

◆提示 1

　　這是**重複組合**的問題。

藥品可放入複數藥粒（可重複），且同種藥品的藥粒沒有區別，調和也不需要考慮順序（組合）。

規定調和的藥粒全部為 100 粒，某藥品若放入比較多，其他藥品就要減少數量。關鍵在於如何表達、計數 3 種類的數量關係。

由於 3 種藥品不問順序，所以固定順序會比較容易求解。

◆提示 2

縮小問題的規模來發掘規律。

假設 3 種藥品 A、B、C 要調和的不是 100 粒而是 5 粒。

如 Fig.5-18 準備 5 個放置藥品的盤子，並在盤子之間放置 2 塊「隔板」。然後，規定從左端到第 1 塊隔板，盤子放置藥品 A；到第 2 塊隔板之間，盤子放置藥品 B；剩餘的盤子放置藥品 C（其中，A、B、C 的順序固定）。此規定正好跟問題的規則一致，隔板的放置方式與藥品的調和方式一對一對應。

2 塊隔板可放置於盤子之間的 4 個地方。換言之，我們只需要求從 4 個地方選出 2 處放置隔板的組合就行了。因此，調和 5 粒的重複組合數會是 $_4C_2$。

那麼，100 粒的情況會如何呢？

Fig.5-18　使用 3 種藥品調和 5 粒

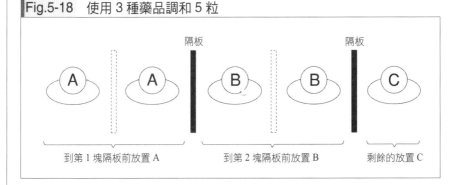

| 到第 1 塊隔板前放置 A | 到第 2 塊隔板前放置 B | 剩餘的放置 C |

◆問題的解答

將問題一般化為「從 n 種藥品中選出 k 粒」，如同提示 2 的思維使用「隔板」。如此一來，情況變成盤子數為 n、隔板放置的場所有 $n-1$ 處、隔板的數量為 $k-1$ 塊，所以調和的方法數會是 $_{n-1}C_{k-1}$。

因此，從 3 種藥品中選出 100 粒的方法數會是，代入 $n = 100$、$k = 3$ 的計算結果：

$$
\begin{aligned}
{}_{n-1}C_{k-1} &= {}_{100-1}C_{3-1} \\
&= {}_{99}C_2 \\
&= \frac{99 \times 98}{2 \times 1} \\
&= 4851
\end{aligned}
$$

因此，調和的方法數為 4851 種。

答案：4851 種

使用邏輯

◆問題……至少有一端是鬼牌

假設有 5 張撲克牌：2 張鬼牌和 J、Q、K 各一張。試問將 5 張紙牌橫向排成一列時，左端或者右端**至少有一端是鬼牌**的排法共有幾種？其中，2 張鬼牌沒有區別。

Fig.5-19　撲克牌的紙牌內容

◆提示

關鍵在於怎麼處理條件「至少其中一端為鬼牌」，和條件「2 張鬼牌沒有區別」。

對於條件「至少其中一端為鬼牌」，要注意包含了兩端為鬼牌的情況。然後，對於條件「2 張鬼牌沒有區別」，要使用求 ${}_nC_k$ 時「先區別再除以重複度」的思維。

◆問題的解答

先將鬼牌區別計數，再除以**鬼牌的重複度**。

假設 2 張鬼牌為 X_1、X_2。排列 X_1、X_2、J、Q、K 這 5 張紙牌，計數左端和右端至少有一端為鬼牌的情況。

〔1〕左端為鬼牌的情況

假設左端放置鬼牌，則左端的選法有 X_1、X_2 兩種，剩餘的 4 張分別能自由排列。因此，左端為鬼牌的情況數可使用乘法原理：

$$左端為鬼牌的選法 \times 剩餘 4 張的置換 = 2 \times {}_4P_4$$
$$= 2 \times 4!$$
$$= 48$$

得知有 48 種。但是，此情況數包含了「兩端為鬼牌的情況」。

〔2〕右端為鬼牌的情況

僅是左右相反過來，情況數跟〔1〕一樣為 48 種。

〔3〕兩端為鬼牌的情況

假設兩端放置鬼牌，則鬼牌的選法為 2 張鬼牌的置換，共有 ${}_2P_2$ 種排法，剩餘的 3 張分別能自由排列。如此一來，兩端為鬼牌的情況數是：

$$兩端為鬼牌的選法 \times 剩餘 3 張的置換 = {}_2P_2 \times {}_3P_3$$
$$= 2! \times 3!$$
$$= 12$$

得知有 12 種。

然後，計算〔1〕＋〔2〕－〔3〕，就能求得「至少其中一端為鬼牌的排列」（排容原理）。接著，再除以鬼牌的重複度，就能求得「至少其中一端為鬼牌的組合」。

因為有 2 張鬼牌，所以重複度為 2（${}_2P_2 = 2$）。因此，計算如下：

$$\frac{〔1〕左端為鬼牌 + 〔2〕右端為鬼牌 - 〔3〕兩端為鬼牌}{鬼牌的重複度} = \frac{48 + 48 - 12}{2}$$

$$= 42$$

答案：42 種

◆另一種使用邏輯的解法

不過，這題若使用邏輯，計算能變得更簡單。

「至少其中一端為鬼牌」是「兩端皆不為鬼牌」的否定命題。所以，「所有的排法」減去「兩端皆不為鬼牌的排法」，就能求得答案。我們可畫出文氏圖來幫助理解。

Fig.5-20　畫出文氏圖推導答案（1）

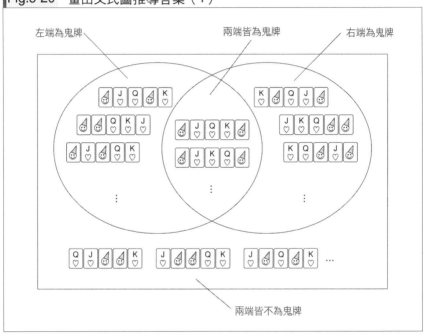

Fig.5-21　畫出文氏圖推導答案（2）

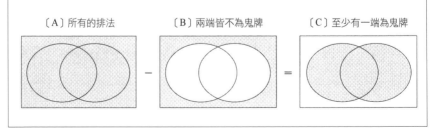

〔A〕所有的排法

先當作不同的紙牌來求置換，再除以鬼牌的重複度，就能求得所有的排法。

$$\frac{{}_5\mathrm{P}_5}{2} = \frac{5!}{2} = 5 \times 4 \times 3 = 60$$

〔B〕兩端皆不為鬼牌的排法

兩端的選法為從 3 張 J、Q、K 中選出 2 張排列 ${}_3\mathrm{P}_2$，剩餘的 3 張分別有 ${}_3\mathrm{P}_3$ 種牌法。最後，整個再除以鬼牌的重複度。

$$\frac{{}_3\mathrm{P}_2 \times {}_3\mathrm{P}_3}{2} = \frac{(3 \times 2) \times (3 \times 2 \times 1)}{2} = 18$$

因此，至少其中一端為鬼牌的排法，可如下計算：

〔A〕所有的排法 − 〔B〕兩端皆不為鬼牌的排法 = 60 − 18

= 42

答案：42 種

本章學到的東西

本章中，我們學到了下述計數原理：

- 種樹計算
- 加法原理
- 乘法原理
- 置換
- 排列
- 組合

這些是基本的原理，但強硬死背沒有什麼幫助，重要的是在腦中理解這些原理的意義。想要沒有「遺漏」「重複」，除了「仔細計數」，還要試著「發掘欲數事物的性質」。

無論多麼仔細計數，當數目一多，就肯定會有地方算錯。為了正確計數，我們必須使用計數原理。「計數原理」就是「**避免逐一計數的原理**」。

在下一章，我們會把焦點放在如何發掘問題的結構，討論「以自己表達自己本身」的神奇「遞迴」。

◉ 課後對話

學生：「一出現 n、k 等文字，就感覺好難喔。」

老師：「建議先用 5、3 等較小的數來練習。」

學生：「這樣遇到較大的數時，會擔心到底有沒有做對……」

老師：「所以才要以 n、k 等文字一般化啊。」

第 **6** 章

遞迴

──以自己定義自己

⊙課前對話

學生：「GNU 是什麼的簡稱？」

老師：「是 "GNU is Not UNIX" 的簡稱。」

學生：「咦？那麼，開頭的 GNU 又是什麼的簡稱？」

老師：「也是 "GNU is Not UNIX" 的簡稱。換言之， " "GNU is Not UNIX" is Not UNIX" 。」

學生：「所以，最前面的 GNU 究竟是什麼的簡稱？」

老師：「那也是 "GNU is Not UNIX" 的簡稱。 " " "GNU is Not UNIX" is Not UNIX" is Not UNIX" 。」

學生：「這樣根本沒完沒了啊……」

老師：「其實 GNU 就涵蓋了全部。」

本章要學的東西

　　本章中，我們來討論遞迴的相關內容。遞迴是「以自己定義自己本身」的神奇思維，數學、程式設計都經常出現遞迴的蹤影。

　　首先，我們先透過河內塔問題掌握遞迴的概念。接著，再舉階乘、費氏數列、巴斯卡三角形的例子，來學習遞迴和遞迴關係式。最後，介紹遞迴圖形中的碎形圖案。

　　本章會練習從複雜的事物中發掘遞迴結構。

河內塔

　　「河內塔」是盧卡斯（Edouard Lucas，1842 － 1891）於 1883 年提出的智力題目。這是相當有名的智力題目，各位或許也曾經聽聞過。

問題（河內塔）

　　豎立 3 根細長的桿子 A、B、C。在 A 桿堆疊 6 個穿孔的圓盤，6 個圓盤大小皆不一樣，由下而上逐漸變小（Fig.6-1）。

Fig.6-1　河內塔

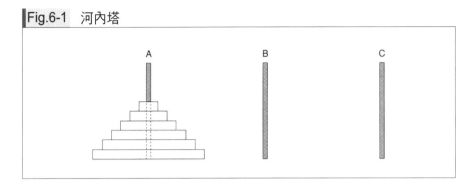

現在要將 A 桿堆疊的 6 個圓盤全部移到 B 桿。但是，圓盤的移動過程必須遵守下述規定：

·每次僅能移動 1 個最上面圓盤；

·大盤不能堆疊在小盤上。

將 1 個圓盤從某桿移動到其他桿子計數為「1 步」，試問 6 個圓盤全部從 A 桿移動到 B 桿最少需要多少步數？

提示：先從小的河內塔來討論

一開始就思考 6 個圓盤會使腦筋打結，我們先縮小問題的規模，討論 3 個圓盤的情況。換言之，先來思考「三層河內塔」（Fig.6-2）。

Fig.6-2　三層河內塔（3 個圓盤的河內塔）

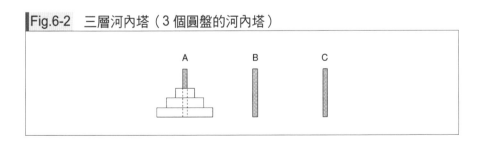

由 Fig.6-3 的步驟可知，求解「三層河內塔」最少需要 7 步。

Fig.6-3 三層河內塔的解法（7 步）

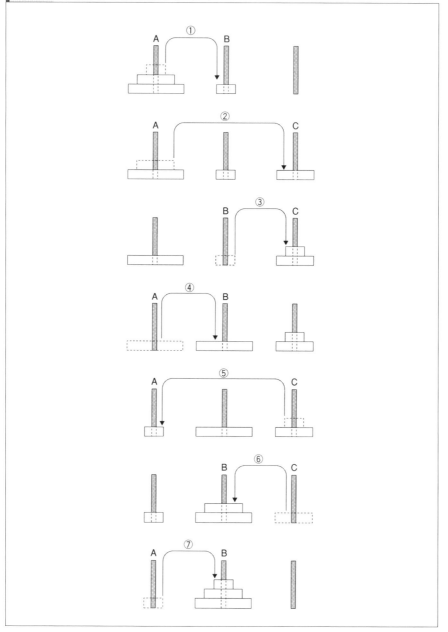

仔細觀察「三層河內塔」的解法後，能想出「六層河內塔的解法」嗎？若想不出來，再試著討論「四層河內塔」「五層河內塔」。

在不斷嘗試移動圓盤的過程中，你肯定會感到「在重複相似的操作」。這就是我們擁有的「發掘規律的能力」，是非常重要的感覺。

例如，請比較 Fig.6-4 的①②③和⑤⑥⑦。

‧在①②③，花費 3 步將 2 個圓盤從 A 桿移動到 C 桿；
‧在⑤⑥⑦，花費 3 步將 2 個圓盤從 C 桿移動到 B 桿。

Fig.6-4　發掘移動 2 個圓盤的規律

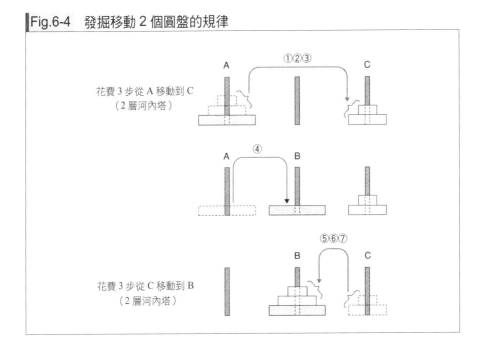

雖然移動的目的地不一樣，但兩者的操作非常類似。而且，這邊進行的「移動 2 個圓盤」相當於「兩層河內塔」。提示就到這邊，各位能求出「六層河內塔」的步數嗎？

問題的解答

「六層河內塔」可由下述步驟求解：

⑴首先，將 5 個圓盤從 A 桿移動至 C 桿（求解五層河內塔）；

⑵接著，將（6 個當中）最大的圓盤從 A 桿移動至 B 桿；

⑶最後，將 5 個圓盤從 C 桿移動至 B 桿（求解五層河內塔）。

Fig.6-5　河內塔的解法

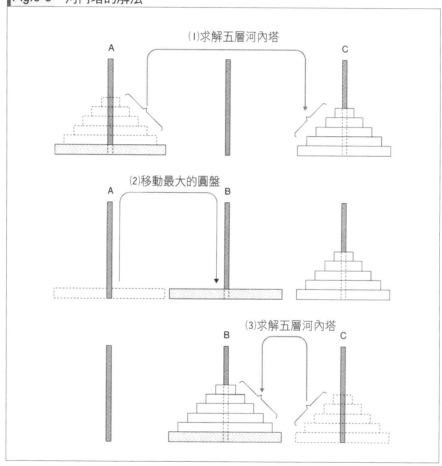

　　⑴和⑶的步驟正是在求解「五層河內塔」。求解「六層河內塔」需要利用「五層河內塔」，所以若能解開「五層河內塔」，就能求解「六層河內塔」。而且，這個步驟也會是最少的步數。為了將最大塊的圓盤從 A 桿移動到 B 桿，必須先將上面 5 個圓盤暫時全部移動到 C 桿。

「五層河內塔」也是以同樣的思維求解。例如，將 5 個圓盤從 A 桿移動至 B 桿，步驟如下：

　　⑴首先，將 4 個圓盤從 A 桿移動到 C 桿（求解四層河內塔）；

　　⑵接著，將（5 個當中）最大的圓盤從 A 桿移動到 B 桿；

　　⑶最後，將 4 個圓盤從 C 桿移動到 B 桿（求解四層河內塔）。

「四層河內塔」「三層河內塔」……也是同樣的解法。「一層河內塔」僅需移動圓盤就可以了。

討論到這邊，我們來一般化「n 層河內塔」的求解方法。

桿子不以 A、B、C 來討論，而改用 x、y、z，x、y、z 分別對應 A、B、C 哪一桿因情況而異。x 是起點的桿子；y 是終點的桿子；z 是中途點的桿子。

「求解 n 層河內塔」的步驟，也就是「利用 z 桿將 n 個圓盤從 x 桿移動到 y 桿」的步驟，可如下表達：

利用 z 桿將 n 個圓盤從 x 桿移動到 y 桿（求解 n 層河內塔）：

$n = 0$ 時：

什麼都不用做。

$n > 0$ 時：

・首先，利用 y 桿將 $n-1$ 個圓盤從 x 桿移動到 z 桿（求解 $n-1$ 層河內塔）；

・接著，將 1 個圓盤從 x 桿移動到 y 桿；

・最後，利用 x 桿將 $n-1$ 個圓盤從 z 桿移動到 y 桿（求解 $n-1$ 層河內塔）。

由上述步驟可知，想要求解 n 層河內塔，需要利用「$n-1$ 層河內塔」。

後面假設求解「n 層河內塔」最少需要的步數為：

$H(n)$

例如，移動 0 個圓盤的步數為 0

$H(0) = 0$

然後，移動 1 個圓盤的步數為 1

$$H(1) = 1$$

根據求解 n 層河內塔的步驟，步數 $H(n)$ 可如下表達：

$$H(n) = \begin{cases} 0 & (n = 0 \text{ 時}) \\ H(n-1) + 1 + H(n-1) & (n = 1, 2, 3, \cdots \text{時}) \end{cases}$$

$n = 1, 2, 3, \cdots$ 時的式子，可如下思考來幫助理解：

$$\underbrace{H(n)}_{\text{求解 } n \text{ 層河內塔的步數}} = \underbrace{H(n-1)}_{\text{求解 } n-1 \text{ 層河內塔的步數}} + \underbrace{1}_{\text{移動最大圓盤的步數}} + \underbrace{H(n-1)}_{\text{求解 } n-1 \text{ 層河內塔的步數}}$$

這種 $H(n)$ 和 $H(n-1)$ 的關係式，稱為**遞迴關係式**（recursion relation、recurrence）。

由於已知 $H(0)$，也曉得從 $H(n-1)$ 推導到 $H(n)$ 的方法，剩下只要按照順序計算，就能求出「六層河內塔最少需要的步數」$H(6)$。

$$
\begin{aligned}
H(0) &= 0 & = 0 \\
H(1) &= H(0) + 1 + H(0) = 0 + 1 + 0 & = 1 \\
H(2) &= H(1) + 1 + H(1) = 1 + 1 + 1 & = 3 \\
H(3) &= H(2) + 1 + H(2) = 3 + 1 + 3 & = 7 \\
H(4) &= H(3) + 1 + H(3) = 7 + 1 + 7 & = 15 \\
H(5) &= H(4) + 1 + H(4) = 15 + 1 + 15 & = 31 \\
H(6) &= H(5) + 1 + H(5) = 31 + 1 + 31 & = 63
\end{aligned}
$$

答案：63 步

求解閉合式

不過，從上面 $H(0)$、$H(1)$、……、$H(6)$ 的結果，能推測一般化的 $H(n)$ 嗎？也就是，能夠僅用 n 表達 $H(n)$ 嗎？

0, 1, 3, 7, 15, 31, 63, ...

簡言之，就是發掘產生下述數列的數學式。

直覺敏銳的人應該能找出數列具有以下規律：

$$0 = 1 - 1,$$
$$1 = 2 - 1,$$
$$3 = 4 - 1,$$
$$7 = 8 - 1,$$
$$15 = 16 - 1,$$
$$31 = 32 - 1,$$
$$63 = 64 - 1,$$

這個猜想可表達成一條式子：

$$H(n) = 2^n - 1$$

這種僅用 n 表達 $H(n)$ 的式子，稱為 $H(n)$ 的閉合式（closed-form formula）。此閉合式的正確性可用數學歸納法來證明。

求解河內塔的程式

第 151 頁求解「n 層河內塔」的步驟，幾乎就是程式的形式。整理到這種程度後，能簡單用 C 語完成求解河內塔的程式設計。

List 6-1 顯示求解河內塔步驟的程式

```c
#include <stdio.h>
#include <stdlib.h>

void hanoi(int n, char x, char y, char z);

void hanoi(int n, char x, char y, char z)
{
    if (n == 0) {
        /* 什麼都不做 */
    } else {
        hanoi(n - 1, x, z, y);
        printf("%c->%c, ", x, y);
        hanoi(n - 1, z, y, x);
    }
}
```

```c
int main(void)
{
    hanoi(6, 'A', 'B', 'C');
    return EXIT_SUCCESS;
}
```

此程式會如下顯示「求解六層河內塔」的步驟：

```
A->C, A->B, C->B, A->C, B->A, B->C, A->C, A->B,
C->B, C->A, B->A, C->B, A->C, A->B, C->B, A->C,
B->A, B->C, A->C, B->A, C->B, C->A, B->A, B->C,
A->C, A->B, C->B, A->C, B->A, B->C, A->C, A->B,
C->B, C->A, B->A, C->B, A->C, A->B, C->B, C->A,
B->A, B->C, A->C, B->A, C->B, C->A, B->A, C->B,
A->C, A->B, C->B, A->C, B->A, B->C, A->C, A->B,
C->B, C->A, B->A, C->B, A->C, A->B, C->B,
```

計數後，的確是 63 步。

發掘遞迴結構

在本小節，我們來回顧河內塔的解題思路。

求解「六層河內塔」時，是先縮小規模以 3 個圓盤來試算，解出「三層河內塔」。然後，為了發掘更為一般化的解法，使用了如下的技巧：

【使用遞迴表達】找出使用「$n-1$ 層河內塔」求解「n 層河內塔」的步驟；

【遞迴關係式】使用「$n-1$ 層河內塔」的步驟表示「n 層河內塔」的步驟。

簡言之，我們是站在以下視點來討論：

使用 $n-1$ 層河內塔表達 n 層河內塔

這邊的內容非常重要，請仔細閱讀。

遇到困難的問題時，常會發生小數目能夠求解，但大數目卻求不出來的情況。此時，不妨回想河內塔的思考方式，如下作討論：

「能不能用小上一圈的問題來表達大問題呢？」

這正是**遞迴**的思考方式。

在河內塔問題中，即是使用 $n-1$ 層河內塔表達 n 層河內塔。換言之，就是從問題中**發掘遞迴結構**。雖然給定的問題尚未解決，但可找出小上一圈的問題，當作「已經解決的問題」來使用。

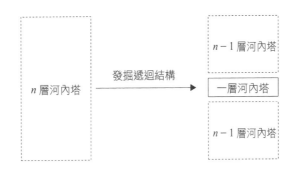

如果找到遞迴結構，就根據遞迴結構來**列出遞迴關係式**。

發掘遞迴結構並作出遞迴關係式是相當重要的一環。除了能代入具體數字來找出解題線索，也可深入掌握問題的性質。

再回來看階乘

在第 5 章學習情況數時，有談到階乘的概念。在本節，我們來討論階乘的遞迴性定義。

階乘的遞迴性定義

第 127 頁中，$n!$ 是用下式來表達：

$$n! = n \times (n-1) \times (n-2) \times \cdots \times 2 \times 1$$

但是，這種方式無法清楚表達「0 階乘」。於是，另外定義了 $0! = 1$。

本節使用如下的遞迴關係式來定義階層。如此一來，既能清楚表達 $0!$ 的值，也能消去上式中的省略部分（⋯）。

$$n! = \begin{cases} 1 & (n = 0 \text{ 時}) \\ n \times (n-1)! & (n = 1, 2, 3, \cdots \text{ 時}) \end{cases}$$

之所以稱此為遞迴性定義，是因為「$n!$ 使用了 $(n-1)!$ 來定義」。各位有看出定義中出現如下的遞迴結構嗎？

雖說階乘使用自身來定義，但卻不會無限循環下去。對於 0 以上的任意整數 n，$n!$ 的定義都很明確，因為 $n!$ 使用了低一層級的 $(n-1)!$ 來定義。

例如，使用階乘的遞迴性定義討論 3!。根據定義，

$$3! = 3 \times 2!$$

根據遞迴性定義展開右邊的 2!：

$$2! = 2 \times 1!$$

再根據遞迴性定義展開 1!：

$$1! = 1 \times 0!$$

最後根據「$n = 0$ 時」：

$$0! = 1$$

整合上述所有結果，如下：

$$3! = 3 \times 2 \times 1 \times \underbrace{1}_{\text{展開 0! 的結果}}$$

展開 0! 的結果
展開 1! 的結果
展開 2! 的結果

討論到這邊，可知為什麼會定義 $0! = 1$。若是 $0!$ 不為 1，就無法順利建立上述的遞迴性定義。

另外，各位不覺得階乘的遞迴性定義跟第 4 章的數學歸納法相似嗎？$n = 0$ 時相當於數學歸納法的步驟 1（基底）；$n \geq 1$ 時相當於步驟 2（歸納）。若以多米諾骨牌來比喻，「正確定義 0!」相當於「推倒第 1 塊多米諾骨牌」。

問題（和的定義）

◆問題

已知 n 為 0 以上的整數，試著遞迴性定義 0 到 n 的整數和。

◆問題的解答

假設 0 到 n 的整數和為 $S(n)$，則 $S(n)$ 的遞迴性定義如下：

$$S(n) = \begin{cases} 0 & (n = 0 \text{ 時}) \\ n + S(n-1) & (n = 1, 2, 3, \cdots \text{ 時}) \end{cases}$$

●閉合式

第 95 頁已經介紹了 $S(n)$ 的閉合式：

$$S(n) = \frac{n \times (n+1)}{2}$$

▏遞迴與歸納*

　　在前一節，提到階乘的遞迴性定義跟數學歸納法相似。其實，在「將大問題歸結為相同形式的小問題」這點上，遞迴（recursion）和歸納（induction）的本質相同。例如，數學歸納法的證明在第 105 頁是使用 C 語言程式（List 4-1）來表達，但我們也可如 List 6-2，使用遞迴函數 prove 來呈現。

List 6-2　使用遞迴函數 prove 的數學歸納法證明

```
void prove (int n)
(
    if (n == 0) (
        print( "根據步驟 1，P(%d) 成立。\n" ,n);
    ) else (
        prove (n - 1);
        print( "根據步驟 2，「若 P(%d) 成立，則 P(%d) 也成立」。
\n ",n-1,n);
        print( "因此，「P(%d) 成立」。\n" ,n);
    )
)
```

　　遞迴的思維是「從大事物逐漸轉為小事物」；而歸納的思維則是「從小事物逐漸轉為大事物」。

▌費氏數列

　　在階乘的遞迴性定義中，我們使用 $(n-1)!$ 來定義 $n!$。在河內塔問題中，我們使用「$n-1$ 層河內塔」來求解「n 層河內塔」。各位有掌握「遞迴」的概念了嗎？接著，來討論稍微複雜的遞迴。

---

* 這小節的內容參考了 Paul Hudak 的《The Haskell School of Expression》（11.1 Induction and Recursion）。

問題（不斷增加的生物）

◆問題

　　有種生物出生 2 天後具有繁殖能力，之後每天都會產下 1 隻後代。假設第 1 天獲得 1 隻剛出生的生物（這隻生物在第 3 天才會產下後代），試問第 11 天該生物共有幾隻？

◆提示

　　按照順序討論，發掘其中的規則性。

　　【第 1 天】獲得該生物。生物共有 1 隻。

　　【第 2 天】有 1 隻生物，但還不能繁殖。生物共有 1 隻。

　　【第 3 天】第 1 天獲得的生物產下後代。生物共有 2 隻。

　　【第 4 天】第 1 天獲得的生物又產下後代，第 3 天出生的生物還不能繁殖。生物共有 3 隻。

　　【第 5 天】第 1 天的生物和第 3 天出生的生物產下後代，第 4 天出生的生物還不能繁殖。生物共有 5 隻。

將調查結果統整為圖表（Fig.6-6）。

Fig.6-6　第 1 天～第 5 天的生物數

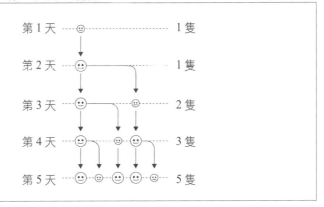

在一般化時，不是一次思考「第 n 天共有幾隻？」而是如下討論：

・$n-1$ 天之前出生的生物，在第 n 天還活著；

・此外，$n-2$ 天之前出生的生物，在第 n 天各產下 1 隻後代。

這樣思考就能建立遞迴關係式。

◆問題的解答

在第 n 天，「昨天，也就是 $n-1$ 天之前出生的生物」都活著。而且，「前天，也就是 $n-2$ 天之前出生的生物」會各產下 1 隻後代。因此，假設第 n 天的生物數為 $F(n)$，則可記為：

$$F(n) = F(n-1) + F(n-2)$$

（其中，n 為 3、4、……）。

$$\underbrace{F(n)}_{\text{第 }n\text{ 天的生物}} = \underbrace{F(n-1)}_{\text{第 }n-1\text{ 天之前的生物}} + \underbrace{F(n-2)}_{\text{第 }n-2\text{ 天生物繁殖的後代}}$$

這邊為了讓 $F(2)=F(1)+F(0)$ 成立（也就是 $n=2$ 時，上述的遞迴關係式成立），定義 $F(0)=0$。

另外，將第 1 天獲得 1 隻剛出生的生物記為 $F(1)=1$。整合後，可列出如下的遞迴關係式：

$$F(n) = \begin{cases} 0 & (n=0 \text{ 時}) \\ 1 & (n=1 \text{ 時}) \\ F(n-1) + F(n-2) & (n=2,3,4,\cdots \text{時}) \end{cases}$$

列出遞迴關係式後，從 $n=0$ 依序計算 $F(n)$ 的值：

$$
\begin{aligned}
F(0) &&&= 0 \\
F(1) &&&= 1 \\
F(2) &= F(1) + F(0) = 1 + 0 &&= 1 \\
F(3) &= F(2) + F(1) = 1 + 1 &&= 2 \\
F(4) &= F(3) + F(2) = 2 + 1 &&= 3 \\
F(5) &= F(4) + F(3) = 3 + 2 &&= 5 \\
F(6) &= F(5) + F(4) = 5 + 3 &&= 8 \\
F(7) &= F(6) + F(5) = 8 + 5 &&= 13 \\
F(8) &= F(7) + F(6) = 13 + 8 &&= 21 \\
F(9) &= F(8) + F(7) = 21 + 13 &&= 34 \\
F(10) &= F(9) + F(8) = 34 + 21 &&= 55 \\
F(11) &= F(10) + F(9) = 55 + 34 &&= 89
\end{aligned}
$$

答案：89 隻

　　生物用●（後代用小的・）表記後，第 11 天之前的繁衍情況如 Fig.6-7
所示。此圖具有不可思議的美感，從中可知生物數呈現爆炸性繁衍。

Fig.6-7　第 11 天之前的生物狀態

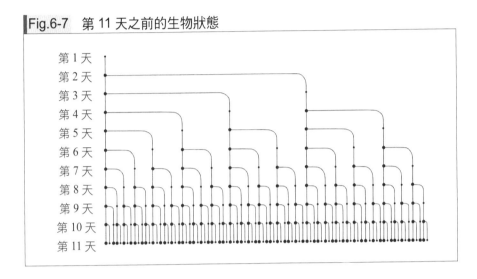

　　各位有發掘Fig.6-7 中的「遞迴結構」嗎？如下圖所示，自己本身當中確
實含有較小的自己。但是，跟河內塔不同的是，它同時含有層級 $n-1$ 和層
級 $n-2$。

費氏數列

　　這個問題出現的數列如下：

　　　0, 1, 1, 2, 3, 5, 8, 13, 21, 34, 55, 89, . . .

此數列是由數學家**費波那契**（Leonardo Fibonacci, 1170-1250）於 13 世紀所發
現，因而稱為**費氏數列**[*]。

---
[*] 或者 1、1、2、3、5、……以 1 為開頭。

費氏數列出現在各種問題當中，下面舉幾個例子：

● 排列磚瓦

緊密排列 1×2 大小的磚瓦作成長方形。其中，長方形的縱長必須為 2。假設長方形的橫長為 n，則磚瓦排法會是費氏數列的 $F(n+1)$ 種。

Fig.6-8　在縱 2、橫 n 的間隙排列 1×2 大小的磚瓦

Fig.6-9　發掘磚瓦排法的規則性

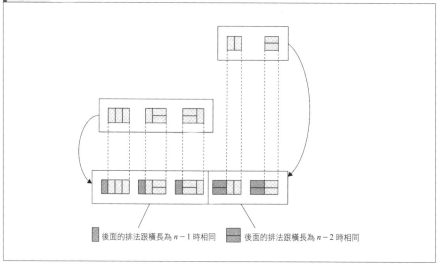

　　原因很簡單，如Fig.6-9所示，橫長為 n 的填埋情況數是，左邊豎立 1 個磚瓦且橫長為 $n-1$ 的情況數，加上左邊橫疊 2 個磚瓦且橫長 $n-2$ 的情況數。這個加法的運算，正好是費氏數列的遞迴關係式。

　　請注意，為了使遞迴關係式順利成立，沒有放置任何磚瓦的排法（ $n=0$ ）也要計數為「1 種」。

● 刻畫節奏

　　假設組合四分音符和二分音符來拍打節奏，其中四分音符為 1 拍、二分音符為 2 拍。在可打出 n 拍四分音符的時間裡，填埋四分音符和二分音符，則節奏的模式有 $F(n+1)$ 種。

　　原因跟剛才的填埋磚瓦一樣，因為 n 的模式數會是下述兩種情況數相加（Fig.6-10）：

　　　　· 先打出四分音符，剩餘部分為 $n-1$ 拍時的情況數；
　　　　· 先打出二分音符，剩餘部分為 $n-2$ 拍時的情況數。

　　除此之外，鸚鵡螺的內壁間隔、向日葵種子的排法、植物分枝的生長方式，以及「每步可爬 1 階或者 2 階，爬升 n 階樓梯的情況數」等，都能發現費氏數列的蹤影。

Fig.6-10　組合四分音符♩和二分音符▯拍打節奏

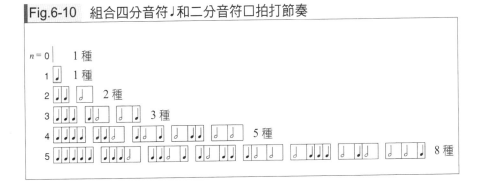

巴斯卡三角形

什麼是巴斯卡三角形？

請看 Fig.6-11，這種圖形稱為**巴斯卡三角形**（Pascal triangle）。

Fig.6-11　巴斯卡三角形

Fig.6-11　巴斯卡三角形

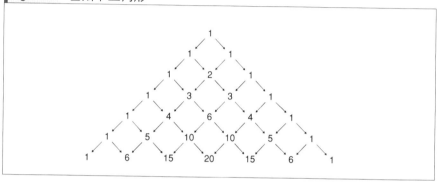

巴斯卡三角形是反覆「相鄰兩數相加形成下一行的數」所作成的三角形。Fig.6-12 以箭頭表示數的相加方向。

Fig.6-12　巴斯卡三角形（以箭頭表示數的相加方向）

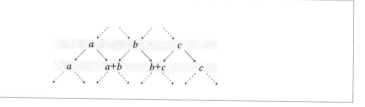

請試著動手寫出巴斯卡三角形，實際計算後，馬上就能明白「相鄰兩數相加」的意思。在三角形的兩端，相加的數僅有 1 個（所以，三角形的左右邊全排列 1）。

巴斯卡三角形或許看起來僅是鍛鍊加法的習題，但裡頭出現的數其實全是第 5 章解說的「組合數」。請看 Fig.6-13，這是巴斯卡三角形用 $_n\mathrm{C}_k$（從 n 個事物中選出 k 個的組合總數）表示的形式。

Fig.6-13　以組合總數 $_nC_k$ 表示巴斯卡三角形

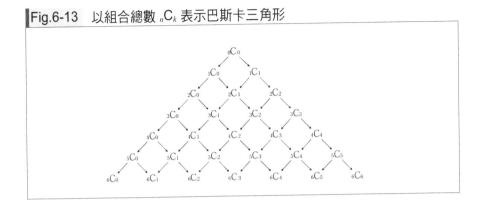

明明 $_nC_k$ 寫成公式 $\dfrac{n!}{(n-k)!\,k!}$ 會出現許多階乘，卻能僅反覆「相鄰兩數相加」來算出結果，真是教人驚訝。

● 巴斯卡三角形中出現組合數的理由

那麼，我們來討論巴斯卡三角形中出現組合數的理由。

首先，暫且忘掉巴斯卡三角形，如下想像格子狀的路徑，計算起點到終點的路徑共有幾條。

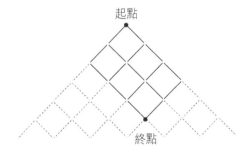

在各分歧點，寫出「起點到當前分歧點的路徑」共有幾條。

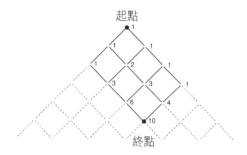

此時的計算會等同巴斯卡三角形的「相鄰兩數相加」。因為抵達某分歧點的情況數會是抵達上面兩個分歧點的情況數的和（加法原理）。

再來，請看下圖：

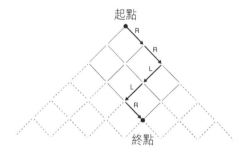

從起點到終點選擇左邊或者右邊往下走的路徑共有幾條呢？到達終點之前，需要做出 5 次走右邊（R）或者左邊（L）的判斷，但在這 5 次的判斷中，必須選擇右邊 3 次才能抵達終點。換言之，路徑的選法等同從 5 個中選出 3 個的組合。

$$_5C_3 = \frac{5!}{(5-3)!\,3!} = 10$$

從起點到終點的路徑共有幾條？可由上述兩個方法來計算。其一是，巴斯卡三角形的「相鄰兩數相加」；另一是，「從 n 個中選出 k 個的組合數」。因為是用兩種方法計數同一件事物，所以結果應該相同。由此可知，相鄰兩數相加的巴斯卡三角形，也能表達組合數。

組合數的遞迴性定義

請看下式，這條數學式在描述什麼呢？

$$_nC_k = {}_{n-1}C_{k-1} + {}_{n-1}C_k$$

這是以 $_nC_k$ 描述巴斯卡三角形（Fig.6-13）的製作方法——相加相鄰兩數作出下一行的數。用圖像表示如下：

從「遞迴」的角度，再仔細看一次這條式子，各位有注意到什麼嗎？

式子左邊的變數 n、k，在右邊變成減 1 的變數 $n-1$、$k-1$。在形式上，這跟河內塔、階乘的遞迴性定義非常相似。只要再補足相當於基底的定義，就能作出「組合數的遞迴性定義」。下面來嘗試看看吧。

假設 n 和 k 是整數，且 $0 \leq k \leq n$，則 $_nC_k$ 可如下定義。這是組合數的遞迴性定義：

$$_nC_k = \begin{cases} 1 & （n=0 \text{ 或者 } n=k \text{ 時}） \\ {}_{n-1}C_{k-1} + {}_{n-1}C_k & （0 < k < n \text{ 時}） \end{cases}$$

組合的理論解釋

本小節進一步改變視點。

請再一次仔細觀看以下式子：

$$_nC_k = {}_{n-1}C_{k-1} + {}_{n-1}C_k$$

後面會討論這條式子的「意義」。

$_nC_k$ 是從 n 個中選出 k 個的組合總數。所以，上述式子可用文字如下表達：

「從 n 個中選出 k 個的組合數」等同「從 $n-1$ 個中選出 $k-1$ 個的組合數」加上「從 $n-1$ 個中選出 k 個的組合數」。

看完後，各位只會感覺：「然後呢？」完全不會覺得：「原來如此！」那麼，試著代入具體的數來討論。令 $n=5$、$k=3$。

> 「從 5 個中選出 3 個的組合數」等同「從 4 個中選出 2 個的組合數」加上「從 4 個中選出 3 個的組合數」。

還是沒有想法嗎？那麼，這樣如何？

> 「從 A、B、C、D、E 這 5 張卡牌中選出 3 張的組合數」等同「**含有 A 的組合數**」加上「**不含有 A 的組合數**」。

這樣就能明白了吧！從 5 張卡牌中選出 3 張時，選出的 3 張會是「含有 A 的 3 張」或者「不含有 A 的 3 張」。透過是否含有 A 形成「沒有遺漏且互斥的分割」，因為沒有重複，所以可使用加法原理。

「含有 A 的組合數」該怎麼求？由於 A 已經確定會被選出，接著從 A 以外的 4 張中選出剩下的 2 張就好。換言之，就是從 4 張中選出 2 張的組合總數。

「不含有 A 的組合數」呢？這必須從排除 A 的 4 張中選出 3 張，也就是從 4 張中選出 3 張的組合總數。

這樣就準備好解讀下式了。

$$_n C_k = {}_{n-1}C_{k-1} + {}_{n-1}C_k$$

在這條式子中，從 n 張中選出 k 張時，「**區分討論**是否含有某張特定的卡牌」。

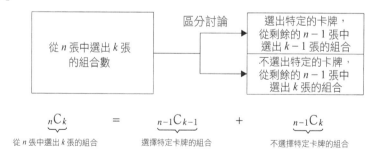

如同上述，不單純將組合的相關式子當作數學式，而是找出其理論上的意義，該意義稱為**組合的理論解釋**。

這邊花了這麼大的篇幅講解，不是為了使內容變得複雜。剛才的內容在討論如何將大問題拆解為更小的問題來求解。在尋找大問題的遞迴結構時，通常會採取下述做法：

．去除問題的一部分（相當於關注特定的卡牌）；
．調查剩餘的部分是否與完整問題具有相同的形式。

因為這邊非常重要，再換個說法來闡述。假設我們要找出問題的遞迴結構，此時會採取下述做法：

．去除層級 n 問題的一部分；
．調查剩餘的部分是否為層級 $n-1$ 的問題。

這就是發掘遞迴結構的訣竅。

數學歸納法、河內塔、階乘、組合數等，本章舉出的問題都有遞迴結構，關注特定的一部分，可知剩餘的部分會跟自己本身具有相同的結構。請各位務必掌握如何找出遞迴結構。

遞迴圖形

遞迴樹

具有遞迴結構的圖形自然是以遞迴手法來繪製。請觀看 Fig.6-14，各位能找出此圖的遞迴結構嗎？

Fig.6-14　遞迴樹

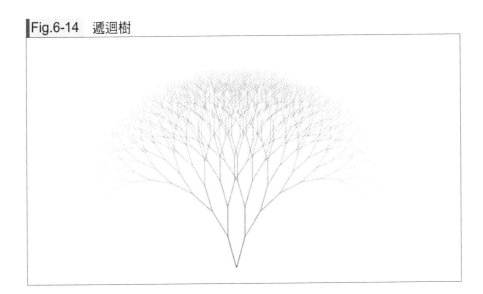

從樹根來看，可知樹枝不斷分枝出去。為了發掘遞迴性，必須找出埋藏於樹中的「小上一圈的自己本身」。

各位有找到嗎？這棵樹在分枝的時候，會在左右樹枝的前端，連結小上一圈的樹木本身。去除關注的樹枝之後，會剩下小上一圈的樹木。這邊具有遞迴結構。

針對任意尺寸的樹木，用參數（parameter）n 來表達其尺寸。如此一來，「層級 n 的樹木」可表達為「向左右延伸層級 n 的樹枝前端，連結層級 n − 1 的樹木」，遞迴結構的示意圖如下：

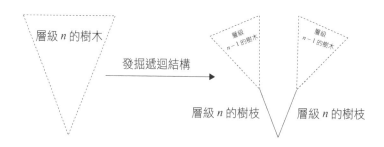

假設層級 0 的樹木是「什麼也不畫」。

實際作圖

機會難得，試著根據剛才的示意圖，使用海龜繪圖（Turtle Graphics）來實際作圖。所謂的海龜繪圖，是在平面上放置海龜（Turtle），控制海龜來畫圖的方法。假設如 Fig.6-15 準備了四個操作：

- · forward (n)　前進 n 步並畫線（作圖層級 n）
- · back (n)　　後退 n 步不畫線
- · left ( )　　　左轉一定角度
- · right ( )　　右轉一定角度

Fig.6-15　海龜繪圖的四個操作

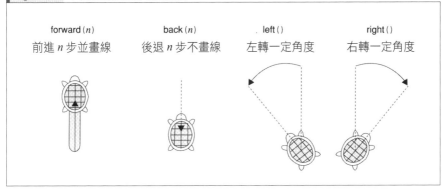

層級 *n* 樹木的作圖程序 drawtree 如 List 6-3 所示：

List 6-3　層級 *n* 樹木的作圖程序 drawtree

```
void drawtree (int n)
(
    if (in == 0) (
        /* 什麼也不畫 */
    ) else (
        left ();          /* 左轉 */
        forward(n);       /* 作圖層級 n 的樹枝 */
        drawtree(n-1);    /* 作圖層級 n-1 的樹木 */
        back(n);          /* 後退 */
        right();          /* 右轉 */

        right();          /* 右轉 */
        forward(n);       /* 作圖層級 n 的樹枝 */
        drawtree(n-1)     /* 作圖層級 n-1 的樹木 */
        back(n);          /* 後退 */
        left();           /* 左轉 */
    )
)
```

謝爾賓斯基三角形

這邊再舉一個遞迴圖形的例子——**謝爾賓斯基三角形**（Sierpinski gasket、Sierpinski triangle）。

Fig.6-16 謝爾賓斯基三角形

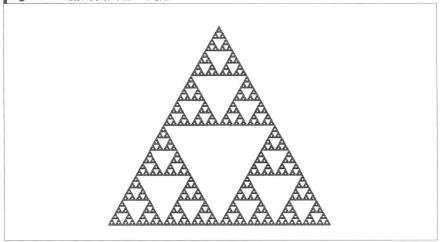

觀察圖形可知，其遞迴結構如下：

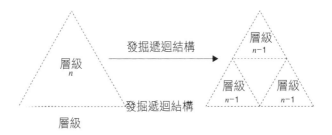

將巴斯卡三角形的數字根據奇偶數上色，就會出現謝爾賓斯基三角形，非常有意思。

這種含有遞迴結構的圖形，稱為**碎形圖案**。

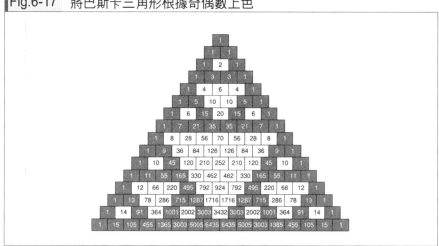

Fig.6-17　將巴斯卡三角形根據奇偶數上色

本章學到的東西

　　本章中，我們學到從「遞迴」的角度理解問題的方法。發掘潛藏於問題中的「遞迴結構」，再藉此推導出遞迴性定義、遞迴關係式。對具有遞迴結構的事物，我們自然會以遞迴性來記述，藉由較少的記述量來表達複雜的結構。

　　在程式設計上，遞迴結構隨處可見。例如程式碼的內縮、樹狀的資料結構、HTML 語法、快速排序（Quicksort）演算法等。

　　從費氏數列的增加方式和遞迴樹的延展可知，遞迴結構會出現大規模的增長。在下一章，我們就來實際體驗吧。

◉課後對話

學生：「發掘結構很重要嗎？」

老師：「是的，非常重要。」

學生：「為什麼？」

老師：「因為藉由發掘結構，能找出『分解』大問題的線索。」

第 **7** 章

指數爆發
——挑戰困難的問題

⊙ 課前對話

老師：「假設有厚 1 毫米的柔軟紙張，試問反覆對折幾次，厚度會超過地球
　　　到月球的距離？」

學生：「大概 100 萬次？」

老師：「不對。」

學生：「還要更多嗎？」

本章要學的東西

　　在本章，我們來學「指數爆發」。這裡並不是指真的有東西爆炸，而是
指數目猶如發生爆炸一樣急遽增長。當我們面對的問題涉及指數爆發，便需
要小心注意，因為該問題有恐膨脹到無法解決的規模。然而，若能反過來拉
攏「指數爆發」，它將會是面對困難問題時的強力武器。

　　以下會帶各位先理解指數爆發的概念，再講解其在檢索上的應用、掌握
指數爆發的對數，以及運用指數爆發的加密技術等。

什麼是指數爆發？

　　首先來體會指數爆發的規模。

問題（折紙折到月球）

◆問題

　　假設有厚 1 毫米的紙張，該紙具有可無限對折的柔軟性，且每對折一
次厚度增為 2 倍。

　　已知地球到月球的距離約為 39 萬公里，試問該紙張反覆對折多少次，
厚度會超過地球到月球的距離？

◆提示

　　雖然折紙折到月球感覺是天方夜譚，但簡單來說，就是厚度從 1 毫米

不斷增加 2 倍的「倍數遊戲」，需要反覆幾次才能超過 39 萬公里。

厚 1 毫米的紙張對折 1 次，厚度變成 2 毫米；對折 2 次，厚度變成 4 毫米。

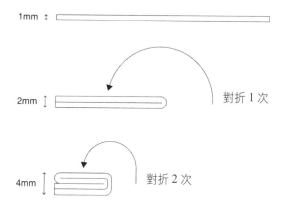

在開始計算之前，先用直覺猜測需要對折多少次。我覺得 100 萬次可能太多，應該 1 萬次左右即可。你覺得需要對折幾次？

◆問題的解答

如下列舉對折次數與厚度：

$$
\begin{array}{rcl}
1 & \to & 2\,\text{mm} \\
2 & \to & 4\,\text{mm} \\
3 & \to & 8\,\text{mm} \\
4 & \to & 16\,\text{mm} \\
5 & \to & 32\,\text{mm} \\
6 & \to & 64\,\text{mm} \\
7 & \to & 128\,\text{mm} \\
8 & \to & 256\,\text{mm} \\
9 & \to & 512\,\text{mm} \\
10 & \to & 1024\,\text{mm}
\end{array}
$$

對折 10 次後，厚度為 1024 毫米，即 1.024 公尺。接下來將單位改為公尺：

$$
\begin{array}{rcl}
11 & \to & 2.048\,\text{m} \\
12 & \to & 4.096\,\text{m} \\
13 & \to & 8.192\,\text{m}
\end{array}
$$

14 → 16.384m
15 → 32.768m
16 → 65.536m
17 → 131.072m
18 → 262.144m
19 → 524.288m
20 → 1048.576m

對折 20 次後，厚度為 1048.576 公尺，超過了 1 公里。增長得真快！接下來再將單位轉為公里：

21 → 2.097152km
22 → 4.194304km
23 → 8.388608km
24 → 16.777216km
25 → 33.554432km
26 → 67.108864km
27 → 134.217728km
28 → 268.435456km
29 → 536.870912km
30 → 1073.741824km

對折 30 次後，厚度超過 1000 公里。順便一提，東京－福岡之間的直線距離約為 900 公里。

31 → 2147.483648km
32 → 4294.967296km
33 → 8589.934592km
34 → 17179.869184km
35 → 34359.738368km
36 → 68719.476736km
37 → 137438.953472km
38 → 274877.906944km
39 → 549755.813888km

對折第 39 次變成 549755.813888 公里，超過地球到月球的距離（約 39 萬公里）。故答案為 39 次。

指數爆發

沒想到 1 毫米的紙張僅需對折 39 次，厚度就能超過地球到月球的距離。這真是相當驚人。光靠「折紙」反覆增加 2 倍的操作，這麼快就能產生如此龐大的數。這種數目急遽增長的情況，稱為「**指數爆發**」。由於對折次數是折紙厚度（2^n）的指數 n，因此稱為指數爆發*。根據上下文意，也可稱為「指數性增加」「指數函數增長」「組合爆發（combinatorial explosion）」。

若要實際感受指數爆發，可試著畫出橫軸為對折次數、縱軸為厚度的關係圖。

Fig.7-1 對折次數與厚度的關係圖

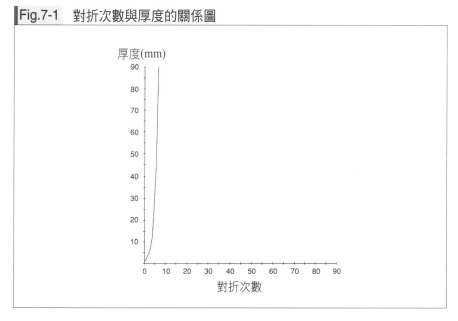

如圖所示，曲線迅速往上衝，幾乎是垂直。另外，河內塔和費氏數列也是指數性增加的例子。

---

* 2^n 會發生指數爆發，但 n^2 不會有指數爆發。

倍數遊戲──指數爆發產生的困難

剛才的問題是紙張對折幾次，厚度會超過地球到月球的距離，答案與我們的直覺相悖，竟只需對折 39 次，厚度就能抵達月球！

各位得注意自己面對的問題中，是否含有倍數遊戲──指數爆發。因為涉及指數性增加的問題乍看之下覺得容易，但稍微加大數目後，馬上就會變得難以解決。起初認為數步就能抵達終點，結果終點卻在月球另一側，沒有人希望發生這種情況吧。

接著來討論隱藏「指數爆發」的問題。哪邊是爆發源頭呢？

程式的設定選項

在程式中，有用來控制動作的「設定選項」，如 Fig.7-2 的畫面。

Fig.7-2　設定選項

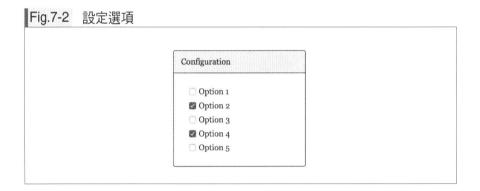

畫面上有 Option1 到 Option5 的 5 個核取方塊，分別能夠切換開啟／關閉。根據勾選的核取方塊，程式的動作會有所不同。

程式設計師必須測試開發的程式是否正確動作。沒有確實測試可能導致異常終止（crash：閃退、崩潰）或者動作停止（freeze：當掉、凍結），嚴重時甚至會損毀好不容易做出來的文件。

　　一旦改變程式的設定選項，程式的運行就會跟著發生改變，例如若「Option1 開啟、Option2 關閉，程式能夠正常運行；但若 Option1 和 Option2 同時開啟，程式可能發生閃退。」換言之，需要改變勾選的設定選項，反覆測試程式好幾次。

　　請根據上面的內容求解下述問題：

◆問題

　　假設有 5 個核取方塊的設定選項，分別可能為開啟／關閉兩種狀態。試問需要測試幾次才能夠測完所有可能性？另外，若是有 30 個核取方塊的設定選項，情況又是如何？

◆問題的解答

　　1 個核取方塊可能為兩種狀態，所以 n 個核取方塊時，需要測試 2^n 次。

$$\underbrace{2 \times 2 \times \cdots \times 2}_{n \text{ 個}} = 2^n$$

這裡使用了第 122 頁的乘法原理。

　　5 個核取方塊時，需要測試 32 次。

$$\underbrace{2 \times 2 \times 2 \times 2 \times 2}_{5 \text{ 個}} = 2^5 = 32$$

30 個核取方塊時，需要測試 10 億 7374 萬 1824 次。

$$\underbrace{2 \times 2 \times \cdots \times 2}_{30 \text{ 個}} = 2^{30} = 1073741824$$

●回顧問題

30 個設定選項的確不怎麼多，只要稍微大一點的 APP 程式，展開「設定」選單隨便都會超過 30 個。儘管如此，光是測試 30 個設定選項的所有可能性，就需要測試 10 億 7374 萬 1824 次。

假設測試 1 次需要花費 1 分鐘，一天也僅能測試 $60 \times 24 = 1440$ 次。就算以一年 366 天來估計，也僅能測試 $60 \times 24 \times 366 = 527040$ 次。$1073741824 \div 527040 = 2037.3\cdots$，10 億 7374 萬 1824 次的測試需要耗費 2037 年以上。簡言之，**想要「一個不漏」地測試設定選項的所有可能性，是不切實際的。**

因此，在軟體開發上，通常不會採取「一個不漏」的測試，而是僅測試可能會影響機能的設定選項。設定選項的篩選非常重要，篩選過少會失去測試的意義；篩選過多又會發生指數爆發。

「總有一天能夠解決」的想法行不通

有倍數遊戲的地方，就會有指數爆發。發生指數爆發時，會大幅背離「幾個步驟就能解決」的預測。所以，在求解問題之前，必須仔細檢查是否隱藏倍數遊戲。

或許有人認為：「雖說是指數爆發，但仍是有限的數。只要讓電腦全力運算，總有一天會獲得解決。」但是，這個認知並不正確。

當然，如果問題是有限的，且可能一個不漏地計數，那麼只要驅動電腦執行，總有一天能解決。然而，若過程需要耗費好幾千年，這樣的「解決」對人類來說沒有意義。一般來說，問題不僅要在「有限的時間」內解決，還要在人類可期待的「短時間」內解決。

因此，**如果問題涉及指數爆發，不可輕易採取一個不漏的方法。**

二元搜尋──利用指數爆發檢索

體會指數爆發的規模後，本節來討論如何利用指數爆發的威力。

尋找犯人問題

15 位嫌疑犯排成一列，其中僅有 1 位「犯人」。你必須訊問他們：「犯人在什麼地方？」以尋找犯人。

Fig.7-3　從 15 人當中尋找犯人

假設當你訊問「犯人在什麼地方？」嫌疑犯會誠實給出下述 3 種回答。

(1)「我就是犯人。」（訊問對象為犯人時）
(2)「犯人在我的左邊。」
(3)「犯人在我的右邊。」

Fig.7-4　訊問時的 3 種回答

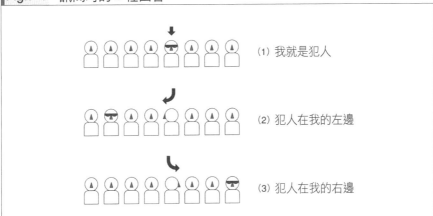

(1) 我就是犯人

(2) 犯人在我的左邊

(3) 犯人在我的右邊

此時，你僅需要訊問 3 次，就能從 15 人中**確實**找出犯人。請問該如何訊問才好？

▌提示：先從人數較少的情況來討論

由於犯人在 15 人當中，因此直接從頭依序訊問 15 次也可找出犯人。我們能夠僅訊問 3 次就鎖定犯人嗎？

15 人的人數太多，不妨縮減人數來討論，假設犯人在 3 人當中。

▌Fig.7-5　假設犯人在 3 人當中

犯人在 3 人當中的情況，只需訊問正中間的人就能鎖定犯人。此時，正中間的人未必需要是犯人。因為即便不是直接訊問犯人，也可根據正中間的人的回答來鎖定犯人。

　⑴「我就是犯人。」→確定該人為犯人

　⑵「犯人在我的左邊。」→確定左邊的人是犯人

　⑶「犯人在我的右邊。」→確定右邊的人是犯人

▌Fig.7-6　若只有 3 人，訊問 1 次就能鎖定犯人

(1) 我就是犯人
　　→確定該人為犯人

(2) 犯人在我的左邊
　　→確定左邊的人是犯人

(3) 犯人在我的右邊
　　→確定右邊的人是犯人

　　根據這個提示，來討論 15 人時應該如何訊問。

問題的解答

　　只要如下反覆「在包含犯人的範圍內，訊問正中間的人」，就能僅訊問 3 次就鎖定犯人。

【第 1 次訊問】首先，訊問 15 人裡正中間的人。

　　此時，能夠知道犯人在左邊 7 人、本人或者右邊 7 人哪個群組。若本人為犯人，則訊問就此結束。

【第 2 次訊問】接著，訊問篩選出來 7 人裡正中間的人。

　　此時，能夠知道犯人在左邊 3 人、本人或者右邊 3 人哪個群組。若本人為犯人，則訊問就此結束。

【第 3 次訊問】最後，訊問篩選出來 3 人裡正中間的人。

　　此時，能夠知道犯人是左邊的人、本人或者右邊的人。如此一來，就能鎖定犯人。

Fig.7-7　不斷訊問正中間的人，3 次後就能鎖定犯人

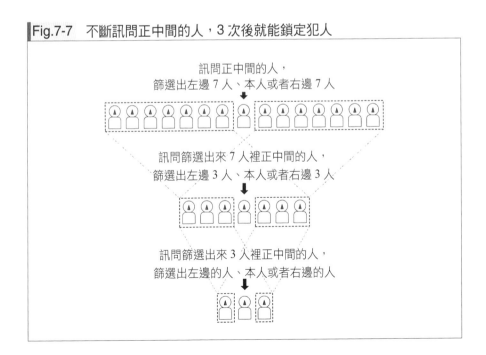

發掘遞迴結構與遞迴關係式

假設犯人是右邊數來第 5 人，則詢問順序會如Fig.7-8 所示，犯人所在範圍會由 15 人→7 人→3 人逐漸縮小。

Fig.7-8　犯人是右邊數來第 5 人

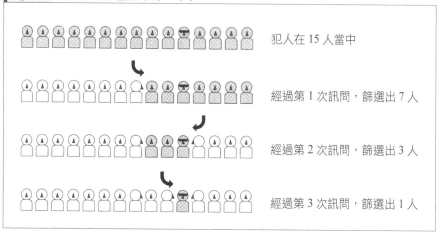

重點是訊問正中間的人 1 次，就能將人數減少約一半。其實，這邊能夠發掘遞迴結構，使用層級 $n-1$ 的問題來表達層級 n 的問題。

「層級 n」的 n 是「訊問的剩餘次數」。

假設「訊問 n 次能夠鎖定犯人的最大人數」為 $P(n)$。

首先討論 $n=0$ 的情況。訊問 0 次（沒有訊問）能夠鎖定犯人，表示打從一開始嫌疑犯就只有 1 人。若嫌疑犯為 2 人以上，不可能沒有訊問就鎖定犯人。所以，$P(0)$ 會是 1。

$$P(0) = 1$$

接著討論 $n=1$ 的情況。若嫌疑犯為 3 人，可訊問 1 次就鎖定犯人，但若是 4 人以上，沒辦法訊問 1 次就鎖定犯人。所以，$P(1)$ 會是 3。

$$P(1) = 3$$

藉由遞迴結構，能夠列出如下的**遞迴關係式**：

$$P(n) = \begin{cases} 1 & （n=0 \text{ 時}） \\ P(n-1) + 1 + P(n-1) & （n=1, 2, 3, \cdots \text{時}） \end{cases}$$

如下思考會比較容易理解。

$$\underbrace{P(n)}_{\substack{\text{訊問 } n \text{ 次能夠鎖定犯人的} \\ \text{最大人數}}} = \underbrace{P(n-1)}_{\substack{\text{回答「在我的左邊」後，訊問} \\ n-1 \text{ 次能夠鎖定犯人的最大人數}}} + \underbrace{1}_{\substack{\text{這次訊問的人數}}} + \underbrace{P(n-1)}_{\substack{\text{回答「在我的右邊」後，訊問} \\ n-1 \text{ 次能夠鎖定犯人的最大人數}}}$$

順便一提，這個遞迴關係式跟第 152 頁「河內塔」的遞迴關係式形式一樣。不過，$n=0$ 時的數值偏移，$P(n)$ 的閉合式如下：

$$P(n) = 2^{n+1} - 1$$

換言之，訊問 n 次能夠從 $2^{n+1} - 1$ 人中鎖定犯人。

二元搜尋與指數爆發

「尋找犯人」所使用的方法，跟電腦在檢索資料時常用的「二元搜尋（binary search）」是相同的方法。

二元搜尋是指，在一個已排序好的資料中欲找出目標資料時，「每次挑選中間位置的資料與目標資料作比對，以決定下次要尋找的目標資料在哪」的方法，有時又稱為「二分法」「二分查詢」。

假設 15 個數如下排序，想要尋找特定數（例如 67）在數列的什麼地方。其中，排列的數必須由小到大排序，且想要尋找的數必定在此數列中。

16	17	23	29	31	42	45	58	62	66	67	71	78	83	88

如同尋找犯人，採取反覆「挑選正中間的數」。每挑選 1 次，可知為下述其中一種情況（此 3 種情況是沒有遺漏且互斥的分割）：

‧挑選的數等於 67（找到目標數）；
‧挑選的數大於 67（67 在更左邊）；
‧挑選的數小於 67（67 在更右邊）。

跟尋找犯人時完全一樣，挑選 3 次就能夠知道 67 在什麼地方。

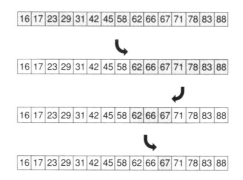

　　若僅有 15 個數，從頭查到尾不會花上多少工夫。然而，若想從大量的數中尋找目標數，二元搜尋會發揮非常驚人的威力。例如，僅需調查 10 次，就能從 2047 個數中找出目標數；調查 20 次，就能從 209 萬 7151 個數中找到目標數；調查 30 次，就能從 4748 萬 3647 個數中找到目標數*。

　　二元搜尋的重點是「每調查 1 次，就能篩選剩下約一半的檢索對象」。為此，檢索對象的數必須「排序好」，否則沒辦法判斷目標數「在左邊還是右邊」。

　　方才提到，二元搜尋「每調查 1 次，就能篩選剩下約一半的檢索對象」。換言之，「每多調查 1 次，就能從約 2 倍的檢索對象中找出目標」，可見二元搜尋有效利用了指數爆發。

---

* 套用「尋找犯人」的思維，調查 n 次就能從 $2^{(n-1)} - 1$ 個數中找出目標數。

對數──掌握指數爆發的工具

一旦發生指數爆發，就得面對非常龐大的數。在本節，我們來學習處理大數的工具──「對數」的用法。

什麼是對數？

計算 100000 中 0 的個數（5），稱為求 100000 的**對數**。取對數、取得對數、計算對數等都是相同的意思。100000 的對數是 5、100 的對數是 2、1000 的對數是 3，而 10000000000000000 的對數是 16（請計數 0 的個數）。

即便是非常大的數，取對數後會變成較小的數。例如，專家認為整個宇宙的基本粒子數約有 10000000000000000000000000000000000000000000000000000000000000000000000000000000 個，這個數目轉為對數後僅為 80。巨大數的位數多而不好處理，但取對數後就變得容易計算。

「1000 的對數是 3」這句話更正確的說法應該是「以 **10 為底數**，1000 的對數是 3」。這邊的**底數**，相當於「什麼自乘 3 次後會是 1000？」中的「什麼」。底數有時也稱為**基數**。

對數與乘方的關係

對數和乘方是互逆關係。下述兩句是在描述同一件事情：

- 10 做 5 次方後，會是 100000。
- 以 10 為底數，取 100000 的對數會是 5。

乘方是指，「反覆自乘指定次數」的計算；而對數是指，「自乘幾次會得到該數」的計算。的確，乘方和對數是互逆關係。

我們將「10 的 5 次方」記為：

$$10^5$$

當然，具體的數值是

$$10^5 = 100000$$

與此相同,將「100000 的對數」記為:

$$\log_{10} 100000$$

讀作 log 十萬。具體來說,

$$\log_{10} 100000 = 5$$

$\log_{10} 100000$ 意為「10 自乘幾次會是 100000」,可知 $10^5 = 100000$。log 是對數英文 logarithm 的略稱。

看到數學式後,或許會覺得內容變得困難,但只要確實理解「對數是乘方的逆運算」,就沒有想像中那麼難懂。

接著來練習求解問題,看看自己是否理解 log 的概念。

◆問題

　　試問 $\log_{10} 1000$ 的值為何?

◆問題的解答

　　$\log_{10} 1000 = 3$。這能夠用 $10^3 = 1000$ 來解釋,也可單純計數「1000 中 0 的個數」。

◆問題

　　試問 $\log_{10} 10^3$ 的值為何?

◆問題的解答

　　因為 $10^3 = 1000$,所以 $\log_{10} 10^3 = 3$。

　　$\log_{10} N$ 意為「10 自乘幾次會是 N」,而 10 自乘 a 次會是 10^a,所以 $\log_{10} 10^a$ 的值是 a。

◆問題

　　試問 $10^{\log_{10}1000}$ 的值為何？

◆問題的解答

　　$10^{\log_{10}1000} = 1000$。因為 $\log_{10}1000$ 是 3，所以 $10^{\log_{10}1000} = 10^3$，結果會是 1000。

　　$\log_{10} N$ 意為「10 自乘幾次會是 N」，所以 $10^{\log_{10}N}$ 的值是 N。

以 2 為底數的對數

　　前面是以 10 為底數的對數。同理，我們也可討論以 2 為底數的對數。

　　換言之，如同

$$10^3 = 1000 \quad \xleftrightarrow{\text{等同}} \quad \log_{10} 1000 = 3$$

　　可知

$$2^3 = 8 \quad \xleftrightarrow{\text{等同}} \quad \log_2 8 = 3$$

$\log_{10}1000$ 表示「底數 10 自乘幾次會是 1000」；$\log_2 8$ 表示「底數 2 自乘幾次會是 8」。

練習計算以 2 為底數的對數

　　接著來練習以 2 為底數的對數。

◆問題

　　試問 $\log_2 2$ 的值為何？

◆問題的解答

　　因為 2 自乘 1 次是 2，所以 $\log_2 2 = 1$。

◆問題

　　試問 $\log_2 256$ 的值為何？

◆問題的解答

　　256 是 2 自乘 8 次的數，所以 $\log_2 256 = 8$。

對數關係圖

　　縱使是難以處理的大數目，取對數後會變成非常容易計算的小數目。這可由下述數學式來體會。

$$\log_{10} 1 = 0$$
$$\log_{10} 10 = 1$$
$$\log_{10} 100 = 2$$
$$\log_{10} 1000 = 3$$
$$\log_{10} 10000 = 4$$
$$\log_{10} 100000 = 5$$
$$\log_{10} 1000000 = 6$$
$$\vdots$$
$$\log_{10} 100000000000000000000000000000000000000000000000000 = 50$$

　　關係圖的縱軸使用對數後，即便是發生指數爆發的事物，也能作出容易閱讀的關係圖。這種圖稱為**對數關係圖**。

　　如第 179 頁所見，使用普通關係圖（Fig.7-9 左圖）表示對折紙張的厚度，曲線會往上竄升，無法順利表達。但是，若畫成對數關係圖（Fig.7-9 右圖），就能順利呈現指數爆發。

　　請仔細看對數關係圖的縱軸，各刻度是 2^0、2^{10}、2^{20}、……，也就是 1、1024、1048567、……等呈現指數性增加。對數關係圖的間隔刻度，會是像這樣以指數性增加的數。

　　對數關係圖是利用指數爆發來掌握大數目的增加。

Fig.7-9 對折次數與厚度的對數關係圖

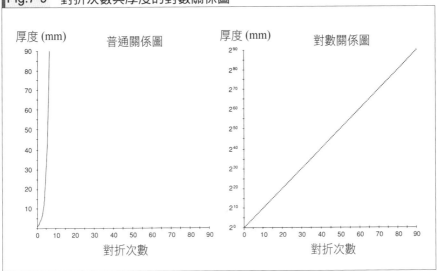

指數法則與對數

請仔細觀看下述的指數運算。

$$10^a \times 10^b = 10^{a+b}$$

現在，假設進行 100 和 1000 的「乘法」。因為 100 是 10^2、1000 是 10^3，由指數法則可知下式成立：

$$10^2 \times 10^3 = 10^{2+3}$$

明明是計算 10^2 和 10^3 的「乘法」，卻變成計算指數 2 和指數 3 的「加法」，得到答案 10^{2+3}，也就是 100000。

剛才進行的計算可表達成 Fig.7-10。

Fig.7-10 使用加法計算乘法

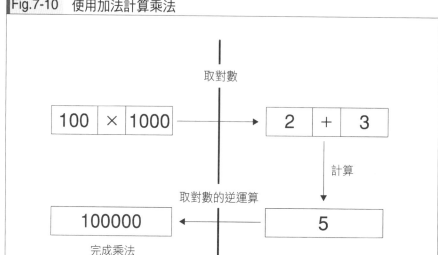

由 10^2 取得指數 2、10^3 取得指數 3，這相當於求原數的對數。所以，想要計算兩數的乘法時，可先分別求出數目的對數，再根據相加結果自乘開來，就能完成乘法。換言之，我們能夠使用加法完成乘法計算。

若使用對數（也就是使用 log）表記，則指數法則如下（假設 $A>0$、$B>0$）：

$$\log_{10}(A \times B) = \log_{10}A + \log_{10}B$$

乘法是比加法還要複雜的運算。但若使用對數，就能以加法來完成乘法。換言之，這是「將困難的計算轉為簡單的計算」。

假設現在想相乘兩正數 A 和 B，我們不直接相乘 A 和 B，而是採取下述三個步驟：

⑴分別計算「A 的對數」和「B 的對數」（取對數）；

⑵相加「A 的對數」和「B 的對數」（計算）；

⑶根據相加結果自乘開來（取對數的逆運算）。

藉由這三步驟，就能夠計算 $A \times B$。

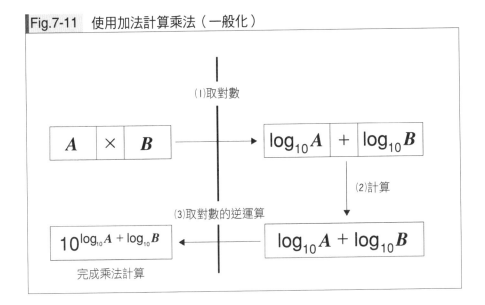

Fig.7-11　使用加法計算乘法（一般化）

學生：「我知道加法比乘法還要容易，但對數的計算會比乘法更難吧。」

老師：「沒錯，但對數能夠事前製作對照表。下一小節的計算尺，就是刻上對數結果的工具。」

對數與計算尺

在本小節，我們先稍微回顧一下歷史。

對數是 1614 年由**納皮爾**（John Napier，1550 － 1617）所發明的概念，展示了對數能夠有效地進行乘除。

當時不像現在擁有電腦，處理天文學中巨大數目的運算時，需要進行大量的乘法。因此，人們才開始採用納皮爾的對數表和計算尺。

如上一小節所述，對數能有效地進行乘法，因為「使用對數後，可將乘法轉為加法。」

計算尺是使用對數來計算乘法的工具，後面會解說其原理。

請觀看 Fig.7-12，此圖是以數線計算 $3+4=7$，錯開等間隔排列的兩數線，再讀取刻度就能計算加法。

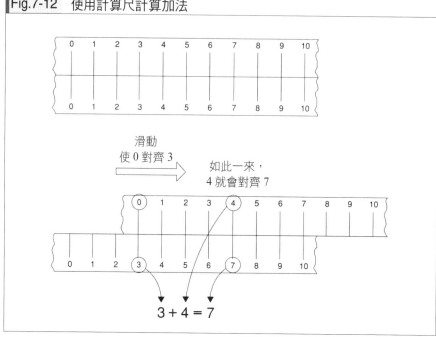

Fig.7-12　使用計算尺計算加法

　　數線的刻度維持等間隔，各刻度改為數目的乘方後，就能將上面的加法當成乘法處理。Fig.7-13 是使用數線計算 $10^3 \times 10^4 = 10^{3+4}$。

　　在此數線上，每向右移動 1 個刻度，數目會增加 10 倍。這種指數性增加的刻度就是對數刻度的特徵。

　　Fig.7-14 的數線也是對數刻度。這條數線跟 Fig.7-13 不一樣，每向右移動 1 個刻度，數目僅會增加 1，且刻度間距逐漸縮短。雖然數字的刻畫方式不同，但這也是對數刻度。此圖是計算 $3 \times 4 = 12$。

Fig.7-13　指數的加法變成乘法

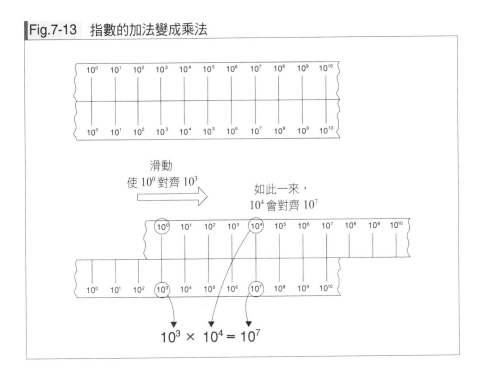

Fig.7-14　使用對數進行乘法

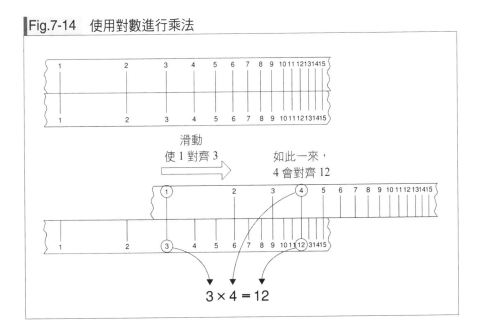

加密——以指數爆發保守祕密

在本節，我們來談指數爆發怎麼保守我們的祕密。

蠻力攻擊法

現今採用的加密技術是，使用名為「金鑰（key）」的隨機位元列來加密資訊。只有知道「金鑰」的人，才有辦法將密文復原（解碼：decoding）為原本的資訊。

Fig.7-15　以金鑰加密資訊

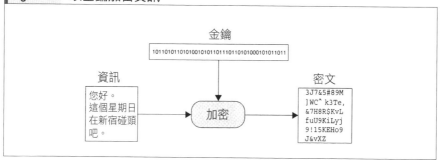

假設某人想在不知道金鑰的情況下解讀密文，若加密演算法沒有弱點，就只能「一個不漏」地猜測金鑰，依序作出跟金鑰同樣長度的位元列，來嘗試解碼密文。這就像是不斷嘗試將不同的鑰匙插入上鎖的門把般。

這種一個不漏地解碼方法稱為**蠻力攻擊法**（brute-force attack）

位元長與安全性的關係

金鑰的位元列長（**金鑰長度**）愈長，蠻力攻擊法所花費的時間愈久。

如果金鑰位元長為極短的 3 位元，則正確的金鑰就有下述 8 種可能性：

```
000, 001, 010, 011, 100, 101, 110, 111
```

換言之，3 位元金鑰的加密，最多僅需嘗試 8 次就能解讀密文。

那麼，4 位元金鑰的情況如何呢？金鑰有下述 16 種可能性：

```
0000, 0001, 0010, 0011, 0100, 0101, 0110, 0111,
1000, 1001, 1010, 1011, 1100, 1101, 1110, 1111
```

換言之，4 位元金鑰的加密，最多也僅需嘗試 16 次就能解讀密文。

5 位元金鑰嘗試 32 次、6 位元金鑰嘗試 64 次就能解讀密文。觀看這些短位元長的例子，會懷疑金鑰真的能保護重要的祕密嗎？實際上，加密不會使用數位元長的金鑰，現在多是使用 256 位元以上的金鑰。

在本小節，我們來討論位元長與嘗試次數的關係。假設位元長為 n，則有效金鑰的可能性（嘗試次數）為 2^n。每增加 1 位元，嘗試次數會變為 2 倍，這發展到後面會呈現指數爆發。

例如，我們來討論 512 位元的金鑰。

512 位元金鑰的總數 $= 2^{512}$
$= 13407807929942597099574024998205846127479365820592$
$3933777235614437217640300735469768018742981669034\underline{2}$
$7690031858186486050853753882811946569946433649006\underline{0}$
84096

這是蠻力攻擊法難以破解的金鑰數。

金鑰位元長僅是增加 1 位元，嘗試次數就會倍增。雖然 512 感覺好像不是非常大的數目，但指數爆發後，512 會產生非常驚人的數量。

假設構成全宇宙的基本粒子，每一個都是現代的超級電腦。即便如此龐大數量的電腦，從宇宙誕生到現在長時間一直嘗試金鑰，仍舊無法測試完 512 位元所有可能的金鑰。

不熟悉密碼學的人可能會認為：「不管是 256 位元還是 512 位元，金鑰都是有限的，只要一個不漏地嘗試，總有一天能解讀出來。」雖然這說得沒錯，但卻不切實際。指數爆發後，小數目可能產生遠遠超出人類時間、能力可處理的數量。

若僅考慮可不可能，幾乎所有的加密皆能用蠻力攻擊法解讀。然而，「能解讀出來」和「在實際時間內能解讀出來」是不一樣的。若使用足夠位元數

的金鑰，就不可能在實際的時間內解碼*。

如何處理指數爆發？

理解問題規模的大小

當遇到感覺「困難」的問題，要先了解該問題描述的「規模」。該問題規模愈大，愈難找到解答。這就好比在雜亂的房間裡找書。

首先，確認書是否在該間房間中？——檢查欲求解的答案存不存在是很重要的事情。

確定「在 A 房間或者在 B 房間」後，如果在 A 房間找不到，則一定在 B 房間。這是使用邏輯來討論。

然後，如果知道書在房間裡的「書櫃中」，找起來會輕鬆許多。——這縮小了問題規模，不是埋頭找遍各個角落，而是先限定尋找範圍。

另外，如果書櫃中的書籍整齊排序好，則從頭依序查找就能夠找到。「從頭依序查找」並不困難，困難的是推導到「從頭依序查找就行了」的狀態。但是，整理到這種程度後，剩下就能夠交由機器人、電腦代勞。

不管是什麼樣的問題，只要有「判斷能否解題的方法」和「依序嘗試解題的步驟」，就能夠套用蠻力攻擊法來解決。人工智慧學家**明斯基**（Marvin Minsky）將其稱為「解謎原則（Puzzle Principle）」。

然而，有些問題即便剩下依序嘗試有限的情況數，仍舊難以解決。那就是本章提到的涉及「指數爆發」的問題。

---

* 在密碼解讀上，根據加密演算法有著不同的解讀技巧，但這邊僅討論蠻力攻擊法。想要了解加密技術的讀者，請參閱拙著《圖解密碼學與比特幣原理》（碁峰出版）。

四個處理方法

對於涉及指數爆發的問題，可粗略分成四種處理方法：

● 暴力求解

最先想到的方法是「知道方法後全力求解」，也就是盡可能增加電腦的效能來解決問題的方法，例如使用超級電腦、並列電腦或者量子電腦。

雖然暴力解決是一種重要的方法，但我們必須意識到，如果遇到規模稍大的問題，馬上就會應付不來，演變成問題規模和電腦效能的無止盡競逐。

● 轉換求解

第二種方法是「想辦法轉換成簡單的問題來求解」，例如針對該問題尋找更好的解法、演算法。順利的話，或許能如第 3 章的柯尼斯堡七橋、榻榻米鋪滿問題，找到不需要一個不漏嘗試的解法。

遺憾的是，涉及指數爆發的問題，未必能找到比「一個不漏」更好的方法，這通常是非常困難的工作。

更遺憾的是，無論電腦如何進化，仍舊存在絕對解不開的問題。這點留到下一章再敘述。

● 近似求解

第三種方法是「不是完全解決，而是找出近似解」。這是以概算來求結果，藉由模擬來計算數值的方法。即便結果在數學上不夠嚴謹，但可能找到有助於實用的答案。

● 機率求解

最後一種方法是「機率求解」。這是利用亂數來求解的方法，就像是使用骰子投擲出的結果。若能有效利用此方法，即便是困難的問題，也有可能在短時間內解決。然而，找到解答所花費的時間全憑機運，若運氣差，可能一直都求不出解來。雖然「機率求解」聽起來不太可靠，但卻是實務上的重要方法，這種**隨機演算法**（randomized algorithm）正被廣泛地研究。

本章學到的東西

本章中，我們討論了指數爆發。

倍數遊戲稍微反覆數次，就會膨脹成龐大的數目。我們必須注意自己求解的問題是否涉及指數爆發，否則好不容易編寫的程式，可能需要花上好幾千年才能執行完成。

另一方面，如果能夠反過來利用指數爆發，它會成為解決問題的強力武器。二元搜尋就是利用指數爆發來高速搜尋大量資訊的演算法。另外，利用對數將乘法轉為加法，這也算是利用指數爆發。在現代密碼學上，指數爆發扮演著重要的角色。

涉及指數爆發的問題大多難以解決，即便運用現代的電腦技術，也無法在現實的時間內解決。然而，若是電腦的效能高於自己欲解決的問題規模，就能解決這類指數爆發問題。

那麼，隨著科學不斷進步、電腦處理效能愈來愈高，是不是任何問題總有一天都能解決？遺憾的是，答案是「No」。無論電腦進步到什麼程度，仍舊存在絕對解不開的問題。在下一章，我們就來討論不可能解決的問題。

⊙ 課後對話

老師：「假設世界人口為 100 億人，需要多少位元才能幫全部的人編號？」

學生：「10 位元可編號 1024 人……嗯──300 位元吧？」

老師：「不對，34 位元就足夠了。」

學生：「只需要這麼少？」

老師：「即便編號整個宇宙的原子，也不需要用到 300 位元喔。」

第 **8** 章

不可計算的問題
——不可計數的數、無法編寫的程式

⊙**課前對話**

老師：「首先，向前跨出一步。接著，想辦法讓另一腳跨出步伐。」

學生：「老師，數學歸納法發展到無窮的彼方，在第 4 章就已經說過了。」

老師：「但是，這只能解決可數的無限。」

學生：「無限還有不同種類？」

老師：「有的。」

本章要學的東西

在本章，我們要來討論「不可計算的問題」。

我們一路討論了如何解決大規模的問題。電腦的進步日新月異，不禁讓人認為電腦能解決所有難題。但遺憾的是，現實並非如此，仍存在「不可計算的問題」。

本章會先解說「反證法」與「可數的」的概念，接著證明存在「不可計算的問題」。然後，具體介紹不可計算的問題——「停機判斷問題」。

本章會出現許多複雜的內容，並在中間穿插「師生對話」休息一下。

反證法

首先來解說「反證法」這個證明方法。本章會頻繁出現反證法，請勿直接跳過，務必仔細研讀。

什麼是反證法？

反證法是指如下的證明方法：

1. 首先，假設「欲證事物的否定命題」成立；
2. 根據該假設論證，推導產生<u>矛盾</u>*。

---

* 矛盾是指，「某命題 P 和其否定命題¬P 皆為真的情況」。

簡言之，反證法就是「**假設欲證事物的否定命題成立卻產生矛盾**」。因為最後歸結為矛盾的結論，有時又稱為**歸謬法**。

反證法不是直接證明欲證事物，可能有些不好理解。下面先來看簡單的反證法例子。

◆問題

　　試證「最大整數」不存在。

◆問題的解答

　　使用反證法證明最大整數不存在。

　　假設「最大整數」存在，令該數為 M。

　　而 $M+1$ 會是比 M 大的整數，這與 M 是最大整數的假設矛盾。

　　因此，「最大整數」不存在。

●回顧

　　雖然知道「最大整數」不存在，但這邊當作「反證法」的例子來討論。我們想要證明的命題是：

　　　最大整數<u>不存在</u>

　　反證法是假設其否定命題為真：

　　　最大整數<u>存在</u>

　　然後，由假設推導產生矛盾的結果。

　　在上述例子，我們是使用「最大整數 M」具體作出「比 M 大的整數 $M+1$」。既然能作出比 M 大的整數，就意味「M 不是最大整數」。

　　「M 是最大整數」與「M 不是最大整數」兩者皆成立，產生矛盾。

　　產生矛盾是因為一開始的假設「最大整數存在」錯誤。由於情況只會有最大整數存在或者不存在，所以證明了「最大整數不存在」。

　　請確認反證法流程：「假設欲證事物的否定命題成立卻產生矛盾」。

質數問題

為了熟習反證法，再來討論一個有名的問題：證明「質數有無限多個」。

開始證明之前，先來說明質數。

質數是指，「**僅能被 1 和自己本身整除且為 2 以上的整數**」。

1 不是質數，質數必須是 2 以上的整數。2 是質數，因為能整除 2 的數僅有 1 和 2。3 也是質數，因為能整除 3 的數僅有 1 和 3。4 不是質數，因為能整除 4 的數，除了 1 和 4 之外還有 2。

質數由小排到大會是

　　2, 3, 5, 7, 11, 13, 17, 19, 23, …

2 以外的質數皆為奇數。因為偶數能被 2 整除，所以不會是質數。

3 以外的質數都不會是 3 的倍數。因為 3 的倍數能被 3 整除，所以不會是質數。

一般來說，在小於 n 的整數中，若存在能整除 n 的質數，則 n 不會是質數。然後，**若小於 n 的任意質數都無法整除 n（肯定會出現餘數），則 n 是質數**。

接著回來證明吧。

◆問題

　　試證質數有無限多個。

◆問題的解答

　　使用反證法證明質數有無限多個。

　　〔首先，假設欲證事物的否定命題成立〕

　　假設「質數不是無限多個」，亦即「質數是有限多個」。

　　〔根據該假設論證，推導產生矛盾〕

　　假設質數為有限多個，則所有質數可列舉為：

$$2,3,5,7,\dots,P$$

〔接著，作出不含於整個質數集合的新質數〕

現在，將所有質數（2、3、5、7、……、P）相乘，並假設該乘積加上 1 的數為 Q。也就是，

$$Q = \underbrace{2 \times 3 \times 5 \times 7 \times \cdots \times P}_{\text{所有質數的乘積}} + 1$$

由於假設質數為有限多個，所以這個 Q 會是有限大的。

Q 是比所有質數乘積還大 1 的數，所以 Q 比任何質數（2、3、5、7、……、P）都來得大，「Q 大於任意質數」意味「Q 不是質數」。

然而，剛才作成的 Q 任意除以 2、3、5、7、……、P 都會餘 1（無法除盡）。換言之，能夠整除 Q 的數僅有 1 和 Q 本身，根據質數的定義可說「Q 是質數」。

「Q 不是質數」與「Q 是質數」兩者皆為真，產生矛盾。

〔產生矛盾是因為一開始的假設「質數不是無限多個」錯誤〕

因此，根據反證法，證明了「質數有無限多個」*。

反證法的注意事項

反證法是從「欲證事物的否定命題」出發，必須從錯誤的假設來推導。但是，推導產生矛盾的論證本身必須是正確的。因為如果中間的論證錯誤，就無法得到「產生矛盾是因為一開始的假設錯誤」的結論。

儘管是從錯誤的假設開始推導，卻要一直抱著「這個假設會被推翻掉」的心情正確地論證，是相當困難的事情。

---

* 質數有無限多個的證明，是由**歐幾里得**（Euclid，365-275BC）提出的。

可數的

接著，我們來討論集合元素的「個數」。

什麼是可數的？

「集合元素是有限多個，或者集合的所有元素能與 1 以上的整數一對一對應」時，定義該集合為可數的（countable）*。

簡單來說，元素能用 1 號、2 號、3 號、4 號等來依序計數的集合，稱為可數的。countable 意為「能夠計算的」，也就是「可以計數的」。

若集合的元素是有限多個，則可數盡所有的元素。但是，無限多個的元素該怎麼「計數」呢？

當然，若元素是無限多個，實際上不可能全部數盡。這邊所謂「可數的」，是指元素可按一定的 規則 沒有「遺漏」、沒有「重複」地計數，也就是「能與 1 以上的整數一對一對應」。

由於 1 以上的整數能排序成一列，所以「可數的」或許也可理解為「元素能一一列出」。

可數集合的例子

為了理解可數集合，下面舉出幾個例子。

●有限集合是可數的

元素個數是有限多個的集合，也就是有限集合都是可數的。這可由可數的定義明顯看出。

●0 以上全部偶數的集合是可數的

0 以上全部偶數的集合是可數的，因為 0 以上全部偶數能如下編號：

---

* countable 有時也稱為 enumerable，意為可算數的或者可編號的。

這邊是將偶數 $2\times(k-1)$ 編定為 k 號。

同理可知，將奇數 $2\times k-1$ 編定為 k 號，則「1 以上全部奇數的集合」也是可數的。

學生：「請等一下，『0 以上的偶數』『1 以上的奇數』是『0 以上的整數』的一部分吧？」

老師：「沒錯。」

學生：「整體和部分之間能一對一對應嗎？」

老師：「可以，沒問題。這正是無限集合的特徵。」

●全部整數的集合是可數的

全部整數的集合（……、－3、－2、－1、0、＋1、＋2、＋3、……）也是可數的，因為我們能如下編號：

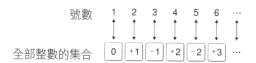

這邊的重點是正負數交互編號，沒有辦法先編號所有正整數後，再編號負整數。因為正整數有無數多個，不存在「編號結束」的情況。

●全部有理數的集合是可數的

可如 $\dfrac{+1}{2}$、$\dfrac{-3}{7}$ 表示成分數形式的數，稱為**有理數**：

$$\frac{\text{整數}}{\text{1 以上的整數}}$$

全部有理數的集合是可數的，因為我們能如 Fig.8-1 依序編號。

Fig.8-1 依序編號全部有理數

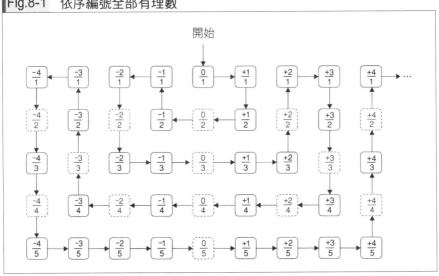

如此一來，就能沒有「遺漏」、沒有「重複」地排列順序。

接著根據順序編號 1、2、3、4 等，其中必須略過已經出現過的等值數。在 Fig.8-1，是以虛線框顯示應該略過的數。

由於有理數可與 1 以上的整數一對一對應，所以全部有理數的集合是可數的。

● 程式的集合是可數的

程式的集合是可數的。我們可將程式想成「以符合程式語言的語法，排列有限多個的文字」。雖然程式有無限多個，但程式的集合是可數的。因為如下處理後，就能對所有程式編定號數。

程式編寫用的文字如下，是有限多種的字符：

```
a b c d e f g h i j k l m n o p q r s t u v w x y z
A B C D E F G H I J K L M N O P Q R S T U V W X Y Z
0 1 2 3 4 5 6 7 8 9
! " # ＄ ％ & ' ( ) * + , - . / : ; < = > ? [ ￥ ] ^ _ ` { | } ~
```

除此之外，程式也會使用換行符、空格等。假設全部可使用 N 種文字，則排列 N 種文字的字串如下：

· 1 個文字形成的字串總數為 N 個；

· 2 個文字形成的字串總數為 N^2 個；

· ……

· k 個文字形成的字串總數為 N^k 個；

· ……

　　如此一來，組合 N 種文字作成的字串，就能從短到長依序排開。文字數相同的字串，可按英文字母的順序（文字碼的順序）來排列。雖然實際上會大量作出無法構成程式的無意義字串，這些字串會當作文法錯誤而被去除。對剩下來的程式編號 1、2、3、4 等，就能對所有程式編定號數。因此，程式的集合是可數的*。

存在不可數的集合嗎？

　　看完前面可數集合的例子後，不禁讓人認為「任何集合都會是可數的吧」。感覺只要巧妙想好規則，無論是什麼樣的集合，所有元素都能一對一對應 1 以上的整數。即便自己沒有找到，若讓數學天才來想，或許就能發掘有效的規則……。

　　但是，實際上並非如此，確實存在不可數的集合。

　　不可數的集合是指，元素無法一對一對應 1 以上整數的集合。無論怎麼作出對應的規則，都會神奇地出現「遺漏」。

　　請想想看，什麼樣的集合會是不可數的？

對角論證法

　　在本節，我們會介紹不可數的集合，並以反證法證明該集合是不可數的。

全部整數列是不可數的

　　這邊將「整數無限排列的數列」稱為「整數列」，例如「0 以上整數列」是整數列的一種。

---

* 若將程式想成是 0 和 1 的位元列，就能夠當作是二進制數，也可得到程式的集合是可數的結論。

0 以上的整數列　| 0 | 1 | 2 | 3 | 4 | 5 | …

「0 以上的偶數列」也是整數列。

0 以上的偶數列　| 0 | 2 | 4 | 6 | 8 | 10 | …

「1 以上的奇數列」也是整數列。

1 以上的奇數列　| 1 | 3 | 5 | 7 | 9 | 11 | …

在第 6 章學到的「費氏數列」也是整數列。

費氏數列　| 0 | 1 | 1 | 2 | 3 | 5 | …

整數列不一定都是逐項變大，相同整數的連續排列也是整數列：

全部為 0 的整數列　| 0 | 0 | 0 | 0 | 0 | 0 | …

取出圓周率各數位的數字排列也是整數列：

圓周率各數位的整數列　| 3 | 1 | 4 | 1 | 5 | 9 | …

　　這邊僅列出 6 個整數列，但整數列有無數多個。換言之，「全部整數列的集合」是無限集合。那麼，「全部整數列的集合」是不是可數的呢？

　　現在，假設對所有整數列編號，例如「0 以上整數列」為 1 號、「0 以上的偶數列」為 2 號、「1 以上的奇數列」為 3 號、「費氏數列」為 4 號等。整數列存在無數多個，雖然無法實際看到整數列全部編號，但我們可以討論「對所有整數列編號的規則」。

　　然而，我們並無法找到可以編號所有整數列的規則，也就是說，該規則肯定存在遺漏的整數列。這意味「全部整數列的集合是不可數的」。

◆問題

　　試證「全部整數列的集合」是不可數的。

◆提示

　　使用第 204 頁的「反證法」。

　　反證法是「假設欲證事物的否定命題成立卻產生矛盾」的證明方法。現在想要證明的命題是：

　　　　全部整數列的集合是<u>不可數的</u>

　　所以，假設其否定命題成立：

　　　　全部整數列的集合是<u>可數的</u>

　　若假設「全部整數列是可數的」，則「所有整數列都能編號」。「所有整數列都能編號」意味「所有整數列能按照順序排列」，由於能按照順序排列整數列，可作成無限延伸的二維表格。假設該表格稱為「所有整數列的表格」。

　　反證法的目標是找到不含於「所有整數列的表格」的整數列。

◆問題的解答

　　使用反證法證明「全部整數列的集合是不可數的」。

　　首先，假設「全部整數列的集合是可數的」。若全部整數列的集合可數，則任何整數列都能編號，可作成如Fig.8-2的「所有整數列的表格」，編定 k 號的整數列會排在表格的第 k 行：

　　　　‧1 號整數列排到第 1 行；

　　　　‧2 號整數列排到第 2 行；

　　　　‧3 號整數列排到第 3 行；

　　　　‧……

　　　　‧k 號整數列排到第 k 行；

　　　　‧……

　　由於這是無限大的表格，實際上不可能全部寫出來，但無論給定多麼大的 1 以上整數 k，都能作出擴展到第 k 行的表格。

〔這能實現就表示「全部整數列的集合是可數的」成立〕

Fig.8-2　以對角論證法證明「全部整數列的集合是不可數的」

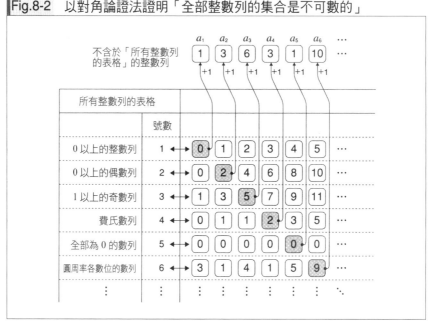

〔目標是找出不含於「所有整數列的表格」的整數列，推導產生矛盾〕

現在根據如下規則製作新的整數列：

　　・令 1 號數列的第 1 個數加 1 的數為 a_1；〔Fig.8-2 的 1〕

　　・令 2 號數列的第 2 個數加 1 的數為 a_2；〔Fig.8-2 的 3〕

　　・令 3 號數列的第 3 個數加 1 的數為 a_3；〔Fig.8-2 的 6〕

　　・……

　　・令 k 號數列的第 k 個數加 1 的數為 a_k；

　　・……

如此一來，可作成下述整數列：

　　　$a_1, a_2, a_3, \ldots, a_k, \ldots$

〔Fig.8-2 的 1、3、6、3、1、10、……〕

a_1、a_2、a_3、……是整數列，但不含於「所有整數列的表格」。由 a_1、a_2、a_3、……的製作方法可知，它與「所有整數列的表格」的任何整數列，都至少會有 1 項不一樣。

明明「所有整數列的表格」應該含有所有整數列，卻不包含整數列 a_1、a_2、a_3、……，產生矛盾。

因此，根據反證法，全部整數列的集合是不可數的。

●思考一下

其實，即便限制得比「所有整數列的集合」更嚴格，也能作出不可數的集合。例如，僅使用 0 到 9 的所有整數列，該集合也會是不可數的。豈止如此，僅使用 0 和 1 的整數列也會是不可數的。因為只要如同上述證明製作表格，選取通過對角線的數稍微改變一下，就能作出不含於表格的整數列。

在上述證明中，為了作出不含於表格的數，選取了通過對角線的數。因此，這種論證方法稱為**對角論證法**（diagonal argument），是**康托爾**（Georg Cantor，1845 － 1918）提出的方法。

學生：「a_1、a_2、a_3、……的確不含於『所有整數列的表格』。」

老師：「是的。」

學生：「這樣一來，在表格中追加 a_1、a_2、a_3、……，作出『所有整數列的表格』的改訂版不就好了？」

老師：「這樣行不通。對改訂版表格再次使用對角論證法，會發生什麼事情？」

學生：「啊！又會作出不含於表格的新整數列。」

老師：「是的。肯定存在『遺漏』。」

學生：「看來能作出『所有整數列的表格』是錯誤的假設。」

老師：「所以，『作不出這樣的表格』意味『這是不可數的』。」

全部實數的集合是不可數的

全部實數的集合也是不可數的。

不要說全部實數了,範圍縮小到 0 以上 1 以下的實數也會是不可數的。因為將「0.」開頭的數字列排成表格,把對角線上的數字改為不一樣的數字,就能作出不含於表格的實數。Fig.8-3 是將對角線上的 0 改成 1,0 以外的數字改成 0(未必需要遵照此改法)。

Fig.8-3 以對角論證法證明「全部實數的集合是不可數的」

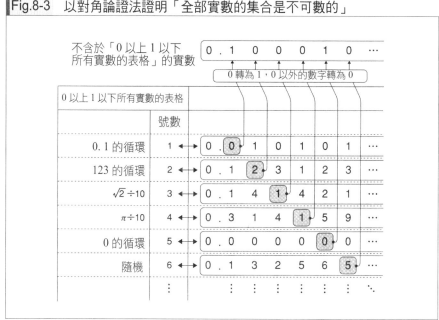

學生:「我有疑問。」

老師:「什麼疑問?」

學生:「有理數也能表示成小數,對吧?」

老師:「是的。」

學生:「那麼,只要使用對角論證法,不就能證明『全部有理數是不可數的』?」

老師：「沒辦法。」

學生：「可是，更動對角線上的數字就能作出不含於表格的新有理數。」

老師：「這樣的確能作出『小數』，但無法保證該小數是『有理數』。」

學生：「哎？」

老師：「有理數表示成小數後，會是反覆相同規律的循環小數。」

學生：「像是 0.50000……、0.111111……、0.142857142857……等吧。」

老師：「但是，新作出來的小數未必會循環。」

函數的集合是不可數的

全部函數的集合也是不可數的。豈止全部的函數，即便僅討論「輸入 1 以上的整數時輸出整數的函數」，這個簡單的函數也是不可數的。因為此函數的集合能與剛才證明不可數的「全部整數列的集合」一對一對應。

例如，「對給定整數加 1 的函數」對應 2、3、4、5、……的整數列。

又如，「對給定整數平方的函數」對應 1、4、9、16、……的整數列。

再如，「給定整數為質數則輸出 1、否則輸出 0 的函數」對應 0、1、1、0、1、0、1、0、0、……的整數列。

一般來說，

- 輸入 1 則輸出 a_1；

- 輸入 2 則輸出 a_2；

- 輸入 3 則輸出 a_3；

- 輸入 4 則輸出 a_4；

- ……

- 輸入 k 則輸出 a_k；

- ……

這種函數能一對一對應下述整數列：

$a_1, a_2, a_3, a_4, \ldots$

學生：「了解了可數的概念，但我累壞了。」

老師：「哈哈！」

學生：「我們是準備要做什麼來著？」

老師：「我們打算處理無限集合的元素『個數』。」

學生：「無限集合的元素『個數』……嗎？」

老師：「討論『個數』的時候，通常是以『數完』為前提。」

學生：「是啊。數完才能知道有多少個。」

老師：「有限集合可以這麼討論，但……」

學生：「無限集合就不妙了？」

老師：「無限集合無法像有限集合一樣『數完』元素。」

學生：「的確，因為元素有無數多個嘛。」

老師：「所以，我們放棄像有限集合一樣去一一計數。」

學生：「就這麼放棄嗎？」

老師：「相對地，我們會讓它跟其他集合一對一對應。」

學生：「嗯。」

老師：「兩個集合之間一對一對應時，定義兩集合的『個數』相同。」

學生：「我們希望這麼解釋嘛。」

老師：「這是處理無窮『個數』的方法。在數學上，會將『個數』稱為**勢**（cardinality）。」

學生：「那麼，與 1 以上整數集合相同『個數』的集合會是可數的。」

老師：「是的。」

學生：「這就是以一對一對應來代替『數完』嗎？」

老師：「沒錯。因為一對一對應是沒有『遺漏』沒有『重複』的對應。」

不可計算的問題

　　前面學習了反證法和可數集合的觀念，接著我們來證明存在「不可計算的問題」。

什麼是不可計算的問題？

　　不可計算的問題是超乎我們想像的困難概念，需要謹慎處理。

　　所謂不可計算的問題，不是「需要耗費時間求解的問題」，也不是「沒有答案的問題」，更不是「目前沒有人找到解法的未解決問題」。

　　不可計算的問題是指，「理論上不可能以程式解決的問題」，或者「能以程式解決的問題集合中沒有的問題」。絕對沒有人能編寫解決不可計算問題的程式，不可計算的問題就是這麼神奇的概念。

　　為了簡單起見，討論時將「編寫解決問題的程式」限定為「編寫輸入 1 以上的整數時輸出整數的函數程式」。

　　「輸入 1 以上的整數 n 時輸出 $n+1$ 的函數」能寫成程式嗎？可以，沒有問題。這相當簡單，熟悉程式設計的人不一會兒就能完成。

　　「輸入 1 以上的整數 n 時，若 n 為質數則輸出 1，否則輸出 0 的函數」能寫成程式嗎？可以，沒有問題。只要判斷大於 1 小於 n 的數能不能整除 n 就行了，這是判斷質數的程式。

　　「輸入 1 以上的整數 n 時，若滿足 $2 \times n = 1$ 則輸出 1，否則輸出 0 的函數」能寫成程式嗎？可以，沒有問題。無論給定什麼整數，都不會滿足 $2 \times n = 1$。所以，寫成給定任意整數 n 皆輸出 0 的函數程式就行了。

　　上面舉出的例子，都是「可寫成程式的函數」。

　　那麼，不可計算的問題，也就是「不可編寫程式的函數」存在嗎？不是目前無法編寫或者不曉得能否編寫，而是能夠斷言絕對「無法編寫程式」的函數存在嗎？是的，**存在無法編寫程式的函數**。我們在下一小節來證明。

證明存在不可計算的問題

　　如第 217 頁所示，「輸入 1 以上的整數時輸出整數的函數」的集合是不可數的。換言之，我們不可能編號所有「輸入 1 以上的整數時輸出整數的函數」。

　　然而，如第 210 頁所示，所有程式的集合是可數的。換言之，我們能對所有程式編號。

　　「不可數的集合」和「可數的集合」之間無法一對一對應，因為若兩集合間能作出一對一的對應，則不可數的集合會變成是能夠編號的。

　　因此，在「輸入 1 以上的整數時輸出整數的函數」中，存在無法表達成程式的函數。

學生：「簡單來說，就是函數的『個數』比程式的『個數』還要『多』？」

老師：「沒錯。」

學生：「我了解程式的集合是可數的，因為程式是排列有限種類的文字。但是，函數不也是類似的情況？以文字描述為『什麼樣的函數』，就變成是排列有限種類的文字。」

老師：「是的。所以，簡單來講，函數中『存在無法用文字描述的函數』。」

學生：「啊！在考量電腦的效能之前，函數本身『無法用文字描述』……」

老師：「實務上，我們需要嚴格定義『清楚』『用文字描述』。」

問題*

注意：請先清楚理解前面的內容，再來閱讀下面的問題。尚未清楚理解的讀者，直接跳過本題繼續閱讀第 221 頁的「停機判斷問題」。

◆問題

下面使用了反證法來證明「全部可用程式產生的整數列集合」是不可數的。請找出證明中哪裡有錯誤：

假設「全部可用程式產生的整數列集合」是可數的，則能作出「全部可用程式產生的整數列表格」。然而，使用對角論證法，可作出不含於表格中的整數列。此表為「全部可用程式產生的整數列表格」，卻另外作出不含於表格中的整數列，產生矛盾。因此，「全部可用程式產生的整數列集合」是不可數的。

---

* 這個問題改自圖靈（Alan Turing，1912-1954）的論文《On computable numbers, with an application tothe Entscheidungsproblem》的〈Application of the diagonal process〉。

◆問題的解答

　　對角論證法的用法錯誤。使用對角論證法，的確可作出不含於「全部可用程式產生的整數列表格」的「整數列」，但無法保證新作出來的整數列是「可用程式產生的整數列」（此邏輯推展，跟第216～217頁的師生對話類似）。

　　實際上，由於「全部程式的集合」是可數的，所以「全部可用程式產生的整數列集合」也會是可數的。

停機判斷問題

　　在本節，除了說明不可計算的問題，也會舉出具體的例子來討論。下面會以「停機判斷問題」為例，逐步解說不可計算的問題。

程式的停機判斷

　　首先，程式如下圖所示是「輸入數據時輸出結果」[*]。

　　程式通常會如上圖輸出結果，但有時會如下圖永遠不停止、不輸出結果。

---

[*] 上一節為了簡單說明，僅討論整數的情況。在本節，會使用「數據」「結果」等字眼來幫助聯想。

程式的動作必為下述其中之一：

　　‧在有限時間內停止動作；

　　‧在有限時間內不停止動作（永遠不停止）。

「有限時間」可為 1 秒也可為 100 億年。無論耗費多長時間，只要總有一天會停止，就可說是「在有限時間內停止動作」。如果給定不適當的輸入，有時會跑出錯誤訊息並停止程式，這也算是「在有限時間內停止動作」。

「永遠不停止動作」的程式不會輸出結果。若無限迴圈中有編寫輸出指令，程式會不斷輸出訊息，但永遠不會輸出「最終結果」。

永遠不停止動作的程式令人頭大，但卻可簡單製作出來。例如，假設程式中含有：

```
while (1 > 0) {

}
```

此時，由於 $a>1$ 總是成立，迴圈永遠不會結束。程式會永久執行下去，陷入所謂的**無限迴圈**。如果執行的處理中含有無限迴圈，則該程式不管經過多久都不會停止。

程式是否陷入無限迴圈，有時取決於輸入的數據。例如，假設如下編寫含有變數 x 的程式碼：

```
while (x > 0) {

}
```

只要輸入程式碼的變數 x 大於 0，就會形成無限迴圈，但若變數 x 是 0 以下的值，就不會形成無限迴圈。

由此可知，程式是否停止，除了程式本身之外，也需要考慮輸入程式的數據。

處理程式的程式

程式是在電腦的記憶裝置上展開的數據，所以處理程式的程式並不罕見。

例如，「編譯器」是讀取人類可讀形式的程式（原始碼），轉譯為電腦容易執行的機器語言（目的碼）的程式。換言之，編譯器是轉換程式的程式。

然後，也有如「原始碼檢測器」給予程式設計師建議的程式，讀取程式的原始碼後，告知使用了不當的指令、哪裡形成無限迴圈、某條指令無法執行等。

再則，「除錯器」是人類用來檢查程式運行的程式，能中途暫停程式、再執行程式、顯示執行中的狀態。

什麼是停機判斷問題？

接著，我們來講解停機判斷問題。停機判斷問題（Halting Problem）是指，判斷「給定數據運行時，程式能否在有限時間內停止動作」的問題。

理想是能夠事先判斷是以下何種情況，但光憑人類難以做到。

・此程式會在有限時間內停止；

・此程式永遠不會停止。

如果程式能自動判斷就好了。在下面，我們來討論能否作出「判斷程式是否停機的程式」。

為求方便，這邊將判斷程式取名為 HaltChecker。HaltChecker 必須輸入程式和數據。

Fig.8-4　HaltChecker 的兩個判斷

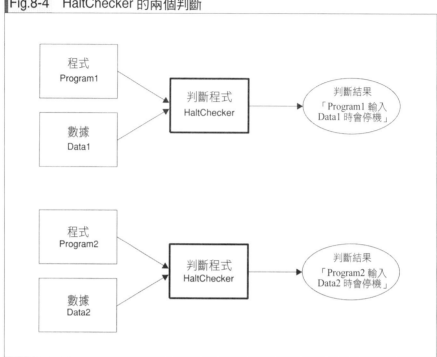

HaltChecker的製作感覺很困難，HaltChecker必須確實調查給定的程式是如何運行，可能還要模擬程式輸入給定數據時的運行。

但是，**HaltChecker 本身必須在有限時間內停止才行**。即便需要耗費龐大的時間，也得在有限時間內停止，並輸出判斷結果。如果永遠不停止，就不適合當作判斷程式。

因此，判斷程式 HaltChecker 不可採用「實際運行目標程式」的判斷方法。因為如果目標程式永遠不停止，判斷程式本身也永遠無法給出結果。

其實，如同稍後的證明，我們理論上不可能編寫如HaltChecker的程式。**判斷程式是否停機的 HaltChecker 是任何人都絕對寫不出來的程式**。

「判斷程式是否停機的程式」不可能編寫出來。「程式的停機判斷問題」是「不可計算的問題」的代表例子。

學生：「這不合理啊。我們能閱讀程式的原始碼，檢查是否陷入無限迴圈。
　　　明明如此，程式卻無法判斷是否陷入無限迴圈……」

老師：「對於各個程式與數據組，有時能判斷是否停機。但是，我們無法作
　　　出給定任意程式與數據組都能判斷是否停機的程式。」

停機判斷問題的證明

使用反證法證明：不存在一般化解決停機判斷問題的程式。

●1.假設能夠作出判斷程式 HaltChecker

〔假設欲證事物的否定命題成立〕

假設能作出判斷程式 HaltChecker，對 HaltChecker 輸入程式 p 和數據 d
時的結果，記為函數的形式：

```
HaltChecker(p, d)
```

則判斷結果可如下表達：

$$HaltChecker(p, d) = \begin{cases} true & （p 輸入 d 時，p 會在有限時間內停止的情況）\\ false & （p 輸入 d 時，p 不會在有時間內停止的情況）\end{cases}$$

●2.製作程式 SelfLoop

根據 HaltChecker，製作函數 SelfLoop：

```
SelfLoop(p)
{
    halts = HaltChecker(p, p);
    if (halts) {
        while (1 > 0) {

        }
    }
}
```

SelfLoop 會使用給定的程式 p，檢查 HaltChecker（p,p）的結果（halts）。若結果為 true，則 SelfLoop 進入無限迴圈。請注意給予 HaltChecker 的兩個輸入皆為 p。

換言之，SelfLoop 的運行如下：

- ‧ 使用 HaltChecker，判斷「程式 p 輸入程式 p 本身時是否停機」；
- ‧ 若判斷為停機，則 SelfLoop 進入無限迴圈；
- ‧ 若判定為不停機，則 SelfLoop 立即結束並停止。

SelfLoop 猶如總是唱反調的程式，但如果有 HaltChecker，製作 SelfLoop 就不困難。然後，不論給予 SelfLoop 什麼樣的程式，結果不是進入無限迴圈，就是在有限時間內停止。

那麼，假設存在 ProgramA 和 ProgramB：

- ‧ 將 ProgramA 本身當作數據輸入 ProgramA 時，程式停止；
- ‧ 將 ProgramB 本身當作數據輸入 PrograrmB 時，程式永遠不停止。

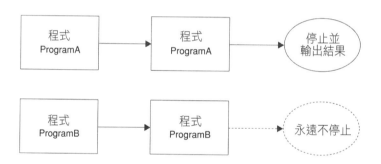

如此一來，剛才的 SelfLoop 會如下運行：

- ‧ SelfLoop 輸入 ProgramA 後，進入無限迴圈，永遠不停止；
- ‧ SelfLoop 輸入 ProgramB 後，程式結束並停止。

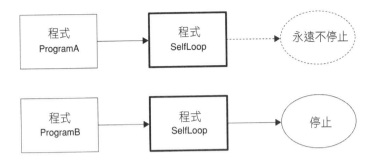

●3.推導產生矛盾

〔後面的目標是推導產生矛盾〕

這邊將 SelfLoop 輸入 SelfLoop 本身,也就是檢查

SelfLoop(SelfLoop)的運行

⑴ SelfLoop(SelfLoop)在有限時間內停止的情況

「SelfLoop(SelfLoop)在有限時間內停止的情況」是指 HaltChecker（SelfLoop,SelfLoop）為 false 的情況。不過,HaltChecker（SelfLoop,SelfLoop）為 false 表示,「若 SelfLoop 輸入 SelfLoop,SelfLoop 不會停止」。

明明是討論「SelfLoop（SelfLoop）在有限時間內停止的情況」,卻得到「若 SelfLoop 輸入 SelfLoop,SelfLoop 不會停止」的結論,產生矛盾。

⑵ SelfLoop（SelfLoop）進入無限迴圈的情況

「SelfLoop（SelfLoop）進入無限迴圈的情況」是指 HaltChecker（SelfLoop,SelfLoop）為 true 的情況。不過,HaltChecker（SelfLoop,SelfLoop）為 true 表示,「若 SelfLoop 輸入 SelfLoop,SelfLoop 會停止」。

明明是在討論「SelfLoop（SelfLoop）進入無限迴圈的情況」,卻得到「若 SelfLoop 輸入 SelfLoop,SelfLoop 會停止」的結論,產生矛盾。

⑴和⑵皆產生矛盾。

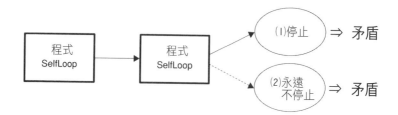

　　一開始假設「可作出 HaltChecker」，最後肯定產生矛盾。

　　因此，根據反證法，無法作出 HaltChecker。

　　停機判斷問題是不可計算的，該證明已由圖靈（Alan Turing，1912 － 1954）於 1963 年完成。

獻給不能接受的人

　　「總覺得好像被呼嚨過去，不太能接受。」

　　為了這樣想的讀者，這邊來「憑感覺解說」為什麼不可能作出 HaltChecker。如果 HaltChecker 存在，能解決許多未解決的問題。

　　首先，如下製作程式 FermatChecker：

```
FermatChecker(k)
{
    while (k>0){
        <適當選擇整數 x,y,z,n。其中，x,y,z 是 0 以外的
        整數，n 是 3 以上的整數>
        if(<xⁿ+yⁿ=zⁿ>){
            <輸出 x,y,z,n，程式停止>
        }
    }
}
```

　　使用這個程式，檢查下述函數的結果：

```
HaltChecker(FermatChecker, 1)
```

　　如果式子為 true，則 FermatChecker（1）會在有限時間內結束；如果式子為 false，則 FermatChecker（1）不會在有限時間內結束。

其中，「n 為 3 以上的整數時，不存在 0 以外的整數 x、y、z 滿足 $x^n + y^n = z^n$」正是所謂的**費馬最後定理**（Fermat Last Theorem）。若回傳 HaltChecker（FermatChecker,1）為 true，則費馬最後定理存在反例；若回傳 HaltChecker（FermatChecker,1）為 false，則不存在反例。這個直到 1994 年懷爾斯（Andrew Wiles，1953 －）肯定證明之前，360 年間誰也證明不出來的困難命題，我們能藉由 HaltChecker 來判斷真假。

除了判斷費馬最後定理的真假，我們也用 HaltChecker 來判斷現代數學無法解決的問題之一：「4 以上的所有偶數，皆可寫成兩個質數相加」（**哥德巴赫猜想**：Goldbach's conjecture）。

現在，如下製作 GoldChecker 的程式，給予 4 當作輸入。隨著 n 由 4、6、8、10、12、……逐漸增加，GoldChecker 每次都會檢查能否寫成兩個質數相加。某 n 能否寫成兩質數相加，可由嘗試相加所有小於 n 的質數來判斷，實作並不困難。然後，如果找到無法寫成兩個質數相加的 n，則 GoldChecker 輸出 n 並停止。

```
GoldChecker(n)
{
    while (n > 0) {
        <檢查 n 能否寫成兩個質數相加>
        if <無法表示>{
            <輸出 n 並停止>
        }
        n = n + 2;
    }
}
```

製作上述的 GoldChecker 本身並不困難。

那麼，這邊呼叫 HaltChecker（GoldChecker,4），討論其結果吧。若結果為 true，則意味「GoldChecker 輸入 4 會在有限時間內結束」，存在無法寫成兩個質數相加的 n。這否定了哥德巴赫猜想。

除了「費馬最後定理」「哥德巴赫猜想」之外，只要將「現代數學未能解決，但一個不漏地嘗試能夠找出答案的問題」套用 HaltChecker，就可判斷這些問題是否有解。換言之，如果 HaltChecker 存在，許多未解決的問題應該都能解開才對*。

---

* 嚴格來講，HaltChecker 僅能判斷有無解答，不會顯示有解答時的答案細節。

雖然以上不是證明，但「憑感覺解說」不可能作出 HaltChecker。

存在許多不可計算的問題

前面以「停機判斷問題」為例，介紹了不可計算的問題。

雖然上述的證明是使用 C 語言，但停機判斷問題並未依存特定的程式語言。求解停機判斷問題的程式是，「任何程式語言都無法編寫的程式」。

然後，除了「程式的停機判斷問題」，調查程式運行的問題大多都是不可計算的問題。例如，下述問題可使用跟程式的停機判斷問題相同的方法，來證明不可計算。

- 給定任意兩程式，判斷「對任意輸入是否皆採取相同動作」；
- 給定任意程式，判斷「能否檢查輸入的整數為質數」；
- 給定任意程式，判斷「對任意輸入是否皆輸出 1」；
- 給定任意程式，在短於 T 的時間內判斷「能否在某指定的時間 T 內結束」。

調查程式是否出現語法錯誤的問題，可使用程式來求解，但停機判斷問題等調查任意程式運行的問題，無法使用程式來解決。

我們能使用電腦程式解決諸多問題。然而，無論電腦如何進步，仍舊存在本質上無法解開的問題。

本章學到的東西

　　本章中，我們學到不可計算的問題。作為基礎知識，學習了反證法和不可計數集合。雖然程式能無限編寫，但這個無限到底只是可數的無限，沒辦法透過編寫程式，表達比可數的無限還要「多」的無限。

◉ 課後對話

學生：「嗯……存在不能寫成程式的問題，表示電腦有其界限。人類難道不能夠跨越這個界限嗎？」

老師：「不能單純地這樣思考。若能形式化記述人類的能力，則可使用同樣的論證法，證明存在人類無法解開的問題。」

學生：「形式化記述人類的能力，根本不可能做到。」

老師：「若是如此，就無法邏輯地議論，既不能證明人類能力的界限，也沒有辦法反證。」

學生：「這是什麼意思？」

老師：「意思是，這個議題已經超出數學的範圍。」

CHAPTER 9

第 **9** 章

程式設計必修的數學課
──總結篇

◉ **課前對話**

學生：「老師，我解開問題了，但沒辦法好好說明。」

老師：「沒辦法說明代表你沒有掌握問題的核心。」

回顧本書

我們透過本書展開了一場微旅行，在即將闔起本書之際，來回顧前面踏過的路程吧。

● **「0」——簡化規則**

第 1 章討論了「0」。0 明確表示了「無即是有」的概念。

導入 0 後，可產生規律、簡化規則。發掘具有一貫性的簡單規則後，就能輕鬆交由電腦機械來解決問題。

● **「邏輯」——二分法**

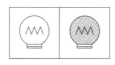

第 2 章學習了「邏輯」。邏輯的基本是 truc 和 false 的二分法。遇到問題時，不是一次籠統地解決，而是拆解成某條件「成立的情況」和「不成立的情況」。

邏輯也是消彌自然語言歧義的工具。為了巧妙拆解複雜的邏輯，介紹了邏輯式、真值表、文氏圖、卡諾圖等工具。

●「剩餘」──分群

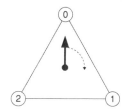

　　第 3 章透過問題和智力題目討論了「剩餘」。從處理對象有無數多個的問題中發掘週期性，就能使用剩餘縮小成較少個數的問題。

　　巧妙使用剩餘，能夠將七零八落的東西分類成同等的群組，可輕鬆解決需要反覆試驗的問題。我們也學習了奇偶性的概念。

●「數學歸納法」──以兩個步驟挑戰無窮的證明

　　第 4 章學習了「數學歸納法」。藉由證明基底和歸納兩個步驟，完成無窮的證明。

　　數學歸納法的基礎是以 0、1、2、3、……、n 的循環（迴圈）求解問題，這相當於將大問題拆解成同類同規模的 n 個小問題。如果能像這樣拆解，就可依序機械地求解。

●「排列、組合」──關鍵在於發掘問題的性質

　　第 5 章學習了「排列、組合」等計數原理。對於多到無法直接計數的龐大數目，先縮小規模調查問題的性質，再將其一般化來找出答案。

　　我們不應該單純地擺弄數字，應該發掘其中的性質、結構；不要死記硬背公式，要了解其組合邏輯上的意義。

●「遞迴」──在自身當中尋找自己

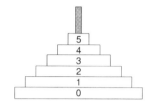

　　第 6 章學習了「遞迴」。遞迴也是拆解問題的方法,但不是拆解成同類同規模的問題,而是拆解為同類不同規模的問題。

　　面對大問題時,先檢查內部是否含有相同結構的小規模問題。若能順利找出遞迴結構,就可使用遞迴關係式掌握問題的性質。

●「指數爆發」是……

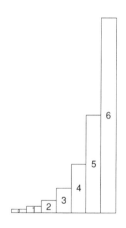

　　第 7 章介紹了難以處理的「指數爆發」。涉及指數爆發的問題,數目稍微增加,就會變成棘手的問題。

　　但相反地,若能巧妙利用指數爆發,就可將大規模的問題轉為容易處理的形式。

● 「不可計算的問題」——展現了理論上的界限

1	0	0	0	0	0	0	0
1	2	1	1	1	1	1	1
2	2	3	2	2	2	2	2
3	3	3	4	3	3	3	3
4	4	4	4	5	4	4	4
5	5	5	5	5	6	5	5
6	6	6	6	6	6	7	6
7	7	7	7	7	7	7	8

在第 8 章，我們學習了反證法、可數的概念、不可計算的問題與停機判斷問題。

我們能用電腦解決的問題是無限的。然而，這個無限到底只是可數的。所有問題的集合是比可數更多的無窮，那裡是我們無法觸及的世界。

所謂的解決問題

發掘規律並一般化

本書中，我們從各種不同的角度討論了「解決問題」。

解答問題時，我們常會「先以小數目試算」，來發掘其中的規律、性質、結構、循環、一貫性……，看穿隱藏在問題中的規律。若沒辦法看穿，即便解決了問題也難說是「通盤了解」。

然後，我們會嘗試「將目前得到的結果一般化」。藉由一般化，可將解法運用於其他類似問題。如果問題的解法僅適用該問題，則該方法就不能稱為解法。只有能夠運用於其他類似問題，才得以稱為解法。

求解問題時，發掘眼前問題的規律並且一般化，是非常重要的。

從不擅長中誕生的智慧

回顧本書的過程，會浮現「人類不擅長某事」的印象。然後，為了克服這個「不擅長」，誕生了各式各樣的智慧。

人類不擅長處理龐大的數目，所以才在計數法下了許多工夫。羅馬數字是使用其他文字來表達數目；進位計數法是以數的位置來表示其規模，如此一來，便能表達羅馬數字所無法呈現的龐大數目。為了處理更大的數目，人們會使用指數表記。

人類不擅長正確地進行複雜的判斷，因而發展出邏輯的概念。我們會以邏輯式來推論，使用卡諾圖來拆解複雜的問題。

人類不擅長管理眾多事物，因而發展出分群的概念。我們會將同一群組內的東西視為相同事物，以方便管理。

人類不擅長處理無窮的問題，因而透過有限的步驟來處理。

如同上述，人類運用各種智慧與工夫，面對林林總總的問題。想辦法縮小規模、簡化問題，使其達到「剩下只需要機械地反覆處理」的狀態。達到此狀態後，就能將接力棒傳給下一位強力跑者──電腦。

各位有不擅長的事情嗎？或許它能為你帶來新的智慧與技巧也說不定。

幻想法則

下面來討論筆者私自稱為**幻想法則**的問題解決法吧。所謂幻想，指的是穿梭其他世界的故事，而幻想法則是指，穿梭其他世界來巧妙解決問題的法則。

【幻想法則】
若有「現實世界」無法解決的問題……

　　⑴將問題從「現實世界」帶到「其他世界」；
　　⑵然後，在「其他世界」解決問題；
　　⑶最後，再將得到的解答帶回「現實世界」。

示意圖如 Fig.9-1 所示：

Fig.9-1　幻想法則

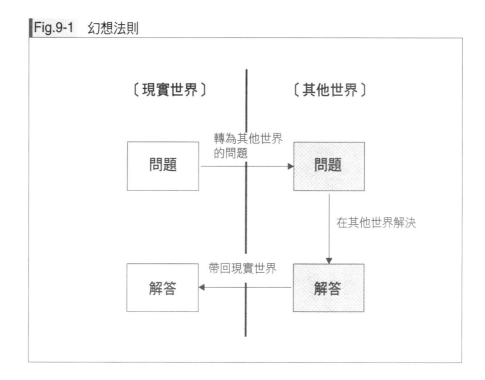

　　這也可稱為高速公路法則吧。

【高速公路法則】
　　如果想要前往遙遠的目的地……

　　　　⑴開上高速公路；
　　　　⑵高速移動至目的地附近的交流道；
　　　　⑶開下交流道，前往目的地。

　　稱為「高速公路法則」，可能會比較容易理解，但稱為「幻想法則」，
聽起來比較有趣。其實，本書中頻繁出現了「幻想法則」。讀者是否注意到
各處都有類似 Fig.9-1 的圖形？

程式設計必修的數學課

　　在一般的程式設計，程式設計師並不需要深奧的數學知識。但是，發掘問題的結構並簡化、統整為具有一貫性的規則等，對程式設計師來說是家常便飯。

　　與其覺得「數學好難」，不妨帶著「數學挺有趣的，想要使用看看」的心情，為程式設計注入數學的思維。

　　如果各位能夠透過本書，從看似枯燥乏味的數學中發掘一些美妙與趣味，對筆者來說將是無上的喜悅。

　　最後，感謝各位讀完本書！

⊙ 課後對話

學生：「老師，辛苦了。總算全部看完了。」

老師：「那真是太好了！」

學生：「我發現書中有許多重複的內容。」

老師：「嗯，沒錯。」

學生：「像是『遺漏』與『重複』、先用小數目試算、發掘結構、幻想法則
　　　　等內容。」

老師：「還有一般化的概念。」

學生：「嗯。一開始看起來零散的章節，最後全部連結起來了。」

老師：「看來，你發掘出本書隱藏的規律了。」

學生：「啊！原來如此。感覺想要再更進一步了解。謝謝老師。」

老師：「也謝謝你認真聽講。」

附　錄　1

邁向機器學習的第一步

◉ **課前對話**

學生：「我收集了許多數據，想要作出好的程式！」

老師：「好的程式是？」

學生：「程式設計師努力設計的……」

老師：「除了讓程式設計師設計之外，也可巧妙運用數據本身喔。」

學生：「數據也能夠幫忙設計嗎？」

附錄要學的東西

在附錄，我們要來學習「邁向機器學習的第一步」。

所謂的機器學習，指的是解決下述問題的手法：

- 根據大量數據預測結果；
- 識別、分類大量數據。

尤其，不是由程式設計師事前決定預測方法、分類方法，而是電腦從大量數據中自動抽選特徵來解決問題。

我們會討論下述項目：

- 什麼是機器學習？
- 預測問題與分類問題
- 感知器
- 機器學習的「學習」
- 類神經網路
- 人類將會被機器取代嗎？

由於機器學習涉及廣泛的領域，僅靠本附錄無法網羅所有內容，還請理解這僅是「學習的第一步」。

另外，雖然本書從第 1 章到第 9 章幾乎都沒有數學式，但在本附錄中會頻繁出現數學式。文中會簡單解說這些數學式，還請各位不要直接跳過。習慣數學式，也是本附錄的目的之一。

什麼是機器學習？

受到注目的機器學習

近年，**機器學習**備受世人關注，經常跟深度學習（Deep Learning）、人工智慧（AI）等關鍵字，一起出現在電視新聞等媒體上。深度學習是機器學習的一種，人工智慧是意義廣泛的術語，而機器學習是製作人工智慧的重要技術之一。

隨著機器學習的進步，電腦也開始跨足到「人類擅長但電腦不擅長」的領域。例如，圖像辨識是機器學習的運用之一，將手寫文字轉為文字檔、截取照片中像是人臉的部分、從眾多照片中鎖定特定人物等，被廣泛用於各種情境。若輸入昆蟲照片就能判斷是否為害蟲，可帶來巨大的價值；若能辨識街道、道路的風景，可運用於汽車的自動駕駛。

實際上，機器學習的圖像辨識能力逐漸超越人類，今後將會更受到注目。

機器學習是時代的技術

機器學習的進步有其技術上的理由。

首先是**輸入**，機器學習需要大量的數據。在現代，我們能使用網際網路獲得大量機器可讀形式的數據。另外，儲存大量數據的記憶裝置也變得便宜。

機器學習的進步也跟電腦的**處理能力**提升有關係。這不是單純地加快速度而已，機器學習能夠同時處理矩陣、向量的計算。換言之，只要挹注資金投入更多的硬體，就能提升性能。

機器學習的**輸出**可應用在各個方面。

最切身的簡單例子如網購時的推薦商品（recommendation），宣傳「購買這項商品的人也選購了這些產品」。

剛才提到的圖像辨識也是一例。在「類別分類」方面，例如圖像是否為人類、螞蟻圖像是否為火紅蟻等。在「物體偵測」方面，例如偵測人群混雜的圖像中有多少人、從街道圖像偵測有多少台汽車等。在「區域分割」方面，例如從大自然圖像選定森林的範圍、辨識道路的分布、從 X 光片鎖定病灶位

置等。除了圖像辨識，機器學習也能做到圖像生成。

如果圖像辨識相當於人的眼睛，那麼聲音辨識、聲音生成就相當於人的耳朵和嘴巴。自然語言的辨識、自然語言的再生等，許多人類行為都有可能被進行機器學習的電腦所取代，應用例子不勝枚舉。

我們不難理解機器學習會流行起來。因為電腦能輸入大量的數據、高速執行必要的處理，輸出的結果可多方面應用。

預測問題與分類問題

機器學習好厲害的話題就到這邊。接著，我們來說明機器學習求解的問題中，具有代表性的「預測問題」和「分類問題」。

預測問題

預測問題是指，給定**輸入**時得到接近**目標**（target）的**輸出**。

例如，假設你正在經營網站，想要預測投入多少廣告費能帶來多少營業額，希望在實際投入廣告費之前，盡可能正確地預估營業額。此時，廣告費是「輸入」、預測的營業額是「輸出」、實際的營業額是「目標」，而預測問題是「給定廣告費後盡可能正確預測營業額」。預測問題又可稱為迴歸問題。

人類能自然解決這種預測問題。例如「上次投入這麼多的廣告費，提升這麼多的營業額，那麼投入更多的廣告費，就能提升更多的營業額」，人類會根據自身經驗進行預測。

假設過去廣告費 x 和營業額 y 的數據是 Fig.A-1 上的黑點集合。

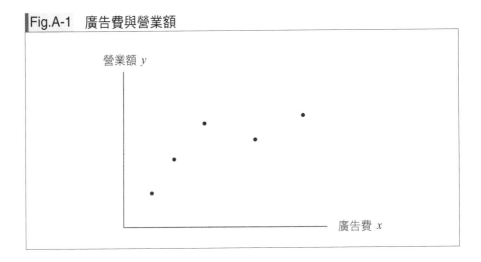

Fig.A-1　廣告費與營業額

解決預測問題是指，即便給定過去沒有出現的廣告費 x_0，也能得到接近實際營業額的輸出 y_0。這就相當於 Fig.A-2 的關係圖。

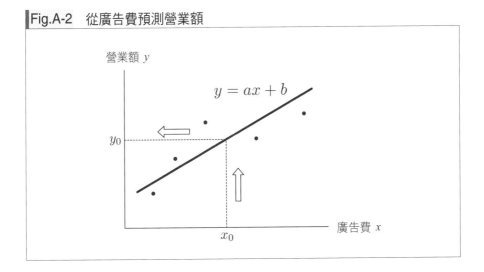

Fig.A-2　從廣告費預測營業額

使用 Fig.A-2 關係圖預測營業額，相當於假設廣告費 x 和營業額 y 之間存在下述關係：

$$y = ax + b$$

換言之，將廣告費 x 乘上 a 倍再加上 b，或許就能得到營業額 y。這個假設就是「建立解決預測問題的**模型**」。

然而，僅是建立模型沒有辦法解決預測問題，因為該模型含有必須決定數值的未知數 a 和 b。未知數 a 和 b 稱為該模型的**參數**，適當的參數能做出正確的預測（Fig.A-3）。

Fig.A-3　適當的參數能做出正確的預測

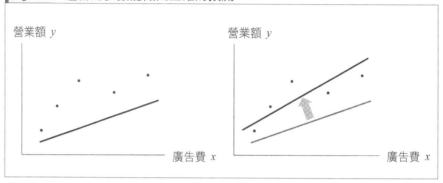

Fig.A-3 僅畫出 5 組數據，但若有大量輸入和目標組成的數據 (x, y)，便能更容易找到適當的參數，進行更正確的預測。擁有大量廣告費和營業額組成的數據，相當於累積眾多的經驗。

由輸入和目標組成的數據稱為**訓練數據**。機器學習的「**學習**」即是使用**訓練數據調整參數**，盡可能由給定的輸入得到接近目標的輸出。調整完參數的模型稱為**學習完成模型**，需要使用**測試數據**來評估學習結果（Fig.A-4）。

在機器學習中，調整參數不是程式設計師而是電腦的工作。電腦使用訓練數據自動調整參數，是機器學習的核心。

為了預防萬一，提醒一下：使用式子 $y = ax + b$ 從輸入 x 獲得輸出 y 時，參數 a 和 b 是視為數值不變的常數。與此相對，為了得到盡可能接近目標的輸出而移動關係圖時，參數 a 和 b 是視為數值會改變的變數。如同上述，請注意參數 a 和 b 可從不同的視點來討論。

Fig.A-4 學習與測試

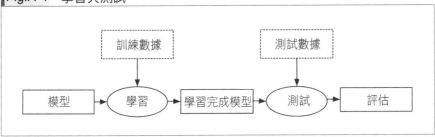

　　不過，我們不可忘記：模型本身有其界限。例如，廣告費和營業額之間真的存在 $y=ax+b$ 的關係嗎？如果沒有這樣的關係，無論怎麼調整參數，都無法正確預測營業額。為了更正確預測，需要更為完善的模型。

　　再者，用來預測營業額的輸入，僅有廣告費就可以了嗎？不需要季節、地區等其他資訊嗎？ $y=ax+b$ 是單一輸入、單一輸出，但若一般化來討論，輸入會是大量數據的集合，目標、輸出也會是大量數據的集合。這種大量數據的集合，稱為向量。

　　總結一下前面的內容。預測問題時，需要準備適當的模型和大量的訓練數據，以及「能夠根據輸入向量，獲得接近目標向量的輸出向量的學習完成模型」。

　　在後面章節出現的感知器（perceptron）是最為基本的機器學習模型。而類神經網路（neural network）是用來解決更加複雜問題的模型。

分類問題

　　分類問題是指判斷給定的輸入應分類為哪種類別的問題。例如，每個人手寫數字的筆跡不太一樣，但人類看到該數字卻能分類出這是 0 到 9 中的哪個數字。這就是人類解決手寫文字的分類問題。分類問題又可稱為識別問題。

　　本書的第 3 章討論了「分群」，而分類問題正是這個分群。若能使用電腦將大量數據適當分類，可構想出各種不同的應用。

　　從昆蟲圖像判斷是否為害蟲、從人類圖像識別誰是註冊用戶、偵測運行中的機器是否異常等，都可說是分類問題的一種。

手寫文字的分類問題是將圖像數據當作程式輸入，也就是將構成圖像數據一個個點（像素）的亮度轉為數據，再將複數數據統整為輸入向量。若表示像素亮度的數據如 x_1、x_2、x_3、……、x_{l-2}、x_{l-1}、x_l 共有 l 個，則輸入向量 x 會是縱向排列的數據，記為：

$$x = \begin{pmatrix} x_1 \\ x_2 \\ \vdots \\ x_l \end{pmatrix}$$

一般來說，表示向量的文字不是普通寫成 x，而是使用粗體記為 $\boldsymbol{x}$。

Fig.A-5　手寫文字的分類問題

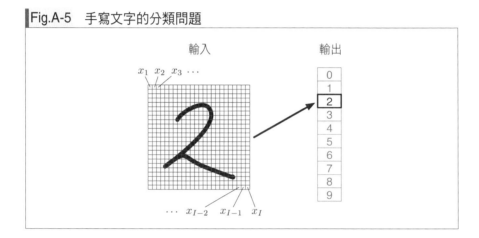

分類問題的輸出有時會以「數字是 2」的類別種類來顯示，有時也會以機率向量的形式呈現。例如「數字是 0 的機率為 0.04、數字是 1 的機率為 0.01、數字是 2 的機率為 0.90、……、數字是 9 的機率為 0.02」，分類結果是以「機率的集合」來顯示。此時，輸出會是如下述 10 個數所組成的輸出向量 y。

$$y = \begin{pmatrix} 0.04 \\ 0.01 \\ 0.90 \\ 0.01 \\ 0 \\ 0 \\ 0.01 \\ 0 \\ 0.01 \\ 0.02 \end{pmatrix}$$

Fig.A-6 手寫文字的分類問題（機率向量）

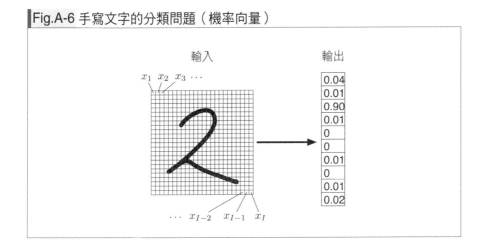

分類問題可說是從給定的眾多數據中發掘規律性、規則性等。所謂的機器學習，並不是由程式設計師事前研究手寫文字資料，再將其設計成程式，而是電腦根據訓練數據來調整參數。這就是機器學習的特徵。

感知器

掌握預測問題和分類問題的概念後，接著來說明機器學習的原理。

什麼是感知器？

本小節會以機器學習的基本運算來說明感知器。

Fig.A-7 是感知器的示意圖，圖中的數據是由左流向右，左端排列的 x_1、x_2、x_3 是輸入、右端的 y 是輸出。

感知器可想成從輸入求得輸出的「運算方法」，或者視為電腦科學中的「演算法」，又或者將感知器看作電路「元件」。哪種聯想都可以，這邊將其稱為模型。此圖表示了「輸入 x_1、x_2、x_3 後求得輸出 y 的模型」。

Fig.A-7　感知器

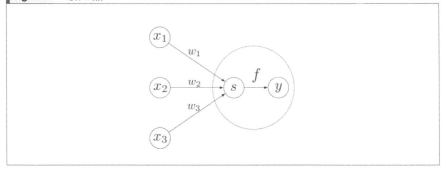

圖中的箭頭代表數據的流向，從輸入的 x_1、x_2、x_3 向中央的 s 展開 3 條連結，上面分別標示 w_1、w_2、w_3。此圖表示了下述運算：

$$s = w_1 x_1 + w_2 x_2 + w_3 x_3$$

w_1、w_2、w_3 稱為**權重參數**。此式表示，輸入的 x_1、x_2、x_3 分別乘上權重參數後，加總結果為 s。

從 s 到 y 的箭頭上標記了 f，表示 s 經由**激活函數** f 求得 y，數學式記為：

$$y = f(s)$$

總結前面的內容，可知 Fig.A-7 感知器的運算如下：

$$\begin{cases} s = w_1 x_1 + w_2 x_2 + w_3 x_3 \\ y = f(s) \end{cases}$$

加權總和

大家可能會疑惑：「相乘後再加總起來具有什麼意義？跟機器學習有何關聯？」這稍後再來解答。我們先深入討論感知器中出現的數學式：

$$s = w_1 x_1 + w_2 x_2 + w_3 x_3$$

　　這種運算稱為**加權總和**。雖然是相加 x_1、x_2、x_3 來求總和，但不是單純加起來，而是先分別乘上權重 w_1、w_2、w_3，再加總起來。 w 是權重的英文 weight 的首字母。

　　權重 w_1、w_2、w_3 如其名，分別表達了 x_1、x_2、x_3 的重要度（重要性）。

　　例如，若所有權重相等，即 $w_1 = w_2 = w_3 = 1$，則 x_1、x_2、x_3 是以相同的重要度來相加。若 $w_2 = w_3 = 0$，則相加時會無視 x_2、x_3。

　　即便給定相同的輸入，若權重值改變，運算結果也會跟著變化。我們可藉由調整權重參數，來調整運算結果。

Column ／ 向量

　　有些人會認為向量是一種箭頭。雖然這樣理解並沒有錯，但比起局限於箭頭的意象，將向量想成是「數的集合」比較不會產生混亂。

　　在加權總和中，我們討論了下述式子：

$$w_1 x_1 + w_2 x_2 + w_3 x_3$$

　　這條式子呈現了向量的內積，可拆成：

$$\begin{pmatrix} w_1 & w_2 & w_3 \end{pmatrix} \begin{pmatrix} x_1 \\ x_2 \\ x_3 \end{pmatrix}$$

　　換言之，

$$\begin{pmatrix} w_1 & w_2 & w_3 \end{pmatrix} \begin{pmatrix} x_1 \\ x_2 \\ x_3 \end{pmatrix} = w_1 x_1 + w_2 x_2 + w_3 x_3$$

　　這是分別相乘相同下標的 w 和 x，再加總起來的運算。

$$\begin{pmatrix} w_1 & w_2 & w_3 \end{pmatrix} \begin{pmatrix} x_1 \\ x_2 \\ x_3 \end{pmatrix} = w_1 x_1 + w_2 x_2 + w_3 x_3$$

$$\begin{pmatrix} w_1 & w_2 & w_3 \end{pmatrix} \begin{pmatrix} x_1 \\ x_2 \\ x_3 \end{pmatrix} = w_1 x_1 + w_2 x_2 + w_3 x_3$$

$$\begin{pmatrix} w_1 & w_2 & w_3 \end{pmatrix} \begin{pmatrix} x_1 \\ x_2 \\ x_3 \end{pmatrix} = w_1 x_1 + w_2 x_2 + w_3 x_3$$

向量內積與加權總和

　　將加權總和寫成 $w_1 x_1 + w_2 x_2 + w_3 x_3$，權重 w_1、w_2、w_3 和輸入 x_1、x_2、x_3 會分散於式子當中。然而，若使用向量表示，就能如下分別整合成權重向量和輸入向量。

$$\underbrace{(w_1 \quad w_2 \quad w_3)}_{\text{權重向量}} \quad \underbrace{\begin{pmatrix} x_1 \\ x_2 \\ x_3 \end{pmatrix}}_{\text{輸入向量}}$$

　　另外，使用粗體（w 和 x）如下表示：

$$\boldsymbol{w} = (w_1 \quad w_2 \quad w_3), \quad \boldsymbol{x} = \begin{pmatrix} x_1 \\ x_2 \\ x_3 \end{pmatrix}$$

　　如此一來，就能將加權總和的複雜式子簡化成：

$$\boldsymbol{wx}$$

　　換言之，

$$\boldsymbol{wx} = (w_1 \quad w_2 \quad w_3) \begin{pmatrix} x_1 \\ x_2 \\ x_3 \end{pmatrix} = w_1 x_1 + w_2 x_2 + w_3 x_3$$

　　需要注意的是，雖然內積是依序寫出橫向量和縱向量，但有些書籍中的縱向量行數過多，所以有時會將

$$\begin{pmatrix} x_1 \\ x_2 \\ x_3 \end{pmatrix}$$

　　使用轉置符號記為：

$$(x_1 \quad x_2 \quad x_3)^T$$

　　了解前面的規則後，看到 wx 就不會感到困惑了。

　　w_1、w_2、w_3 和 x_1、x_2、x_3 各僅有三個數，容易直觀理解，但機器學習通常會用到大量的數據，而向量能統整大量的數據，利於理解數學式想要表達的意思。

激活函數

在感知器中，也出現下述數學式（第 250 頁）：

$$y = f(s)$$

這個 f 稱為激活函數（activation function）。激活函數有許多種，我們以下述激活函數來說明。

$$f(s) = \begin{cases} 0 & s \leq 0 \ \text{時} \\ 1 & s > 0 \ \text{時} \end{cases}$$

換言之，s 小於等於 0 時，$f(s)=0$；s 大於 0 時，$f(s)=1$。

無論 s 值為何，$f(s)$ 的值只有 0、1 兩種數值。說到兩種數值，就想起第 2 章學到的「邏輯」。我們可說此激活函數 $f(x)$ 是 s 值「小於等於 0」或者「大於 0」的二擇一判斷。這可說是將連續值帶到邏輯世界，也可說是將類比轉為數位。

如此定義激活函數後，可根據 s 是否大於 0 來決定 $f(s)$ 是否為 1。這是「以 0 為閾值（threshold）」，「閾值」就是門檻的意思，當數值大到足夠跨越門檻，結果就會是 1；若無法跨越門檻，不管怎麼努力，結果都是 0。

感知器的統整

前面說明了感知器的示意圖和計算。

· 將輸入的 x_1、x_2、x_3 乘上 w_1、w_2、w_3 計算加權總和 s；
· 根據 s 小於等於 0 或者大於 0，決定 $f(s)$ 的值為 0 或者 1。

仔細思考，會發現通往機器學習的道路。首先，雖然前面的輸入僅有 3 個，但這可以增加到 100 個、1000 個……給定大量的數據。

接著，透過有效調整權重參數，改變對應輸入的 s 值。

然後，藉由有效定義激活函數，就可根據 s 值做出判斷。

這樣一想，就能了解機器學習如何根據大量數據來判斷的機制。

在下一節，我們終於要來說明機器學習的「學習」。

機器學習的「學習」

我們在學校會「學習」各種知識來解答題目。學習得愈完善，愈能提高答對率，獲得更適當的答案。

「機器學習」的學習者不是人類而是機器。機器使用數據學習後，能更正確地解決給定的問題。

接下來，我們會使用上一節介紹的感知器，來討論機器學習的「學習」。

學習流程

對給定的輸入 x_1、x_2、x_3，感知器能求出輸出 y。不過，輸出 y 受到感知器的權重參數 w_1、w_2、w_3 所支配。即便給定相同的輸入，感知器的參數改變的話，輸出也會跟著變化。

機器學習的「學習」是指，為了獲得盡可能接近正解的輸出，最佳化調整參數。

學習的流程如 Fig.A-8 所示：

- 準備訓練數據（輸入和目標）；
- 對模型輸入數據獲得輸出；
- 比較輸出和目標；
- 調整參數以獲得更好的輸出。

Fig.A-8　學習流程

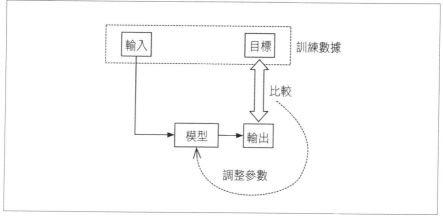

訓練數據與測試數據

　　不過,模型能透過學習獲得一般化問題的解決能力嗎?亦即,能否對未知的輸入進行預測、分類?還是僅能針對訓練數據給出正確的輸出?一般化問題的解決能力稱為**泛化能力**(generalization ability),需要進行測試才能確認是否擁有泛化能力。

　　為此,機器學習需要將準備的大量數據分成**訓練數據**和**測試數據**兩種,學習時僅使用訓練數據。

　　這種思維跟人類在學校的學習類似。在學校學習的目的不是解開課堂上給定的練習題,而是有能力解決與練習題同等難度的問題。因此,學校會使用課堂上未出現的題目來考試,確認學生的泛化能力。

　　如果對訓練數據能給出完美的輸出,但對測試數據卻給出不佳的輸出,則可能發生過度適應訓練數據的**過擬合**(overfitting)。拿學生做比喻的話,就像是能完美解開課堂習題,考試成績卻不理想的狀態。

損失函數

　　下面稍微變形感知器的式子,來說明機器學習的學習思維。

　　為了簡單起見，假設僅輸入 x_1、x_2，並且省略激活函數。如此一來，我們的模型如下：

$$y = w_1x_1 + w_2x_2$$

給予機器學習的訓練數據是由輸入 x_1、x_2 和目標 t 所組成：

$$(x_1, x_2, t)$$

例如，

$$(x_1, x_2, t) = (10, 2, 5)$$

或者

$$(x_1, x_2, t) = (-3, 1, 3)$$

雖然這邊僅舉出兩個例子，但實際上會給予大量的訓練數據。

　　機器學習需要「比較輸出和正解」，而這邊是比較給予模型輸入 x_1、x_2 時的輸出 y 和目標 t。y 和 t 一致是再好不過的情況，但未必總是如此。機器的訓練不是單純「判斷答案正確還是錯誤」，而是評估「跟訓練數據比起來有多麼糟糕」。這種用來評估偏差的函數，稱為**損失函數** $E(w_1, w_2)$。

　　應該選擇什麼樣的損失函數是討論機器學習時的一大課題，但這邊以**誤差平方和**來說明。訓練數據有 n 組時，誤差平方和的損失函數如下：

$$
\begin{aligned}
E(w_1, w_2) &= (t_1 - y_1)^2 + (t_2 - y_2)^2 + \cdots + (t_n - y_n)^2 \\
&= \sum_{k=1}^{n} (t_k - y_k)^2
\end{aligned}
$$

　　雖然式子看起來複雜，但意義並不困難：求出第 k 個目標 t_k 和輸出 y_k 的差值，然後計算差的平方。t_k 和 y_k 相等時，差值為 0，平方值也會是 0。當其中一個比較大，平方值肯定是大於 0 的數（正數）。差值之所以需要平方，是為了不管目標和輸出哪個比較大，都能作為「偏差的大小」加總起來。

　　$E(w_1, w_2)$ 愈大，輸出和目標的偏差就愈大；$E(w_1, w_2)$ 愈小（愈接近 0），則模型的輸出偏離訓練數據愈少。

　　換言之，$E(w_1, w_2)$ 的大小表示了輸出的「偏差程度」，所以 $E(w_1, w_2)$ 稱為損失函數。

以誤差平方法當作損失函數，我們就能評估輸出。那麼，下一步需要做什麼呢？沒錯，接著要調整模型的權重參數，盡可能使損失函數的值接近0。這相當於「學習流程」（第254頁）中的「調整參數以獲得更好的輸出」。

Column 　總和符號Σ

在誤差平方和，出現了下述數學式：

$$\sum_{k=1}^{n} (t_k - y_k)^2$$

這個數學式是在計算變數 k 從 1 變動到 n 的 $(t_k - y_k)^2$ 總和。所以，若假設 n 值為 3，可知下式成立：

$$\sum_{k=1}^{3} (t_k - y_k)^2 = \underbrace{(t_1 - y_1)^2}_{k=1} + \underbrace{(t_2 - y_2)^2}_{k=2} + \underbrace{(t_3 - y_3)^2}_{k=3}$$

總和 Σ 的字符固定，而變數範圍有許多種寫法，可如下表達：

$$\sum_{1 \le k \le 3} (t_k - y_k)^2$$

再則，如果讀者已經知道 k 的範圍，甚至可如下省略：

$$\sum_{k} (t_k - y_k)^2$$

計算總和 Σ 時，必須清楚確認變動的變數。例如，下述兩數學式相似，但仔細一看會發現不太一樣。

$$\sum_{k=1}^{3} a_j^k = a_j^1 + a_j^2 + a_j^3 \qquad \textbf{變動的變數是 } k$$

$$\sum_{j=1}^{3} a_j^k = a_1^k + a_2^k + a_3^k \qquad \textbf{變動的變數是 } j$$

綿長的數學式能使用 Σ 來縮短。Σ 也具有明確顯示「這是什麼的總和」的優點。如果怎樣都看不出是什麼的總和，不妨將 Σ 還原成相加的形式來幫助理解。

梯度下降法

在上一小節，我們說明了損失函數。

$$E(w_1, w_2) = \sum_{k=1}^{n} (t_k - y_k)^2$$

我們會改變模型中的參數 w_1、w_2，來減少損失函數值。改變參數 w_1、w_2 後，即便給定相同的輸入，也會得到不一樣的輸出，所以損失函數值也會有所不同。

這邊試著畫出圖形，幫助各位去想像調整參數以改變損失函數值的情況。$E(w_1, w_2)$ 會根據 w_1、w_2 的值變化，形成如 Fig.A-9 山谷地形的關係圖。機器學習是盡可能往地形的低處移動，求得該處的參數 w_1、w_2。

Fig.A-9 改變參數 w_1、w_2 來減少損失函數 $E(w_1, w_2)$ 的值

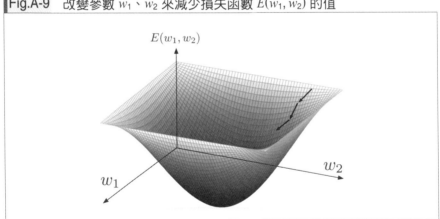

畫出圖形後，人類能用眼睛看出哪邊最低，但電腦該如何尋找呢？

電腦會使用**梯度下降法**（gradient descent），從山谷地形的任意處開始，逐漸往低處移動。這是非常自然的想法，若運氣好，會是「不管往哪邊移動，損失函數值都不能再更小」的狀態。若以地形做比喻，該處就是谷底，也就是損失函數值最小的場所。此時，這種模型稱為「學習完成模型」。

本書的第 1 章中，討論了「將大問題拆解成小『單元』來解決」（第 20 頁）的思維。這裡套用類似的想法：不是一次找出整個地形的最低點，而是從當下位置尋找稍微低點的場所。

使用給定的訓練數據來建構損失函數，接著利用梯度下降法來調整函數，減少損失函數值。這是機器「學習」的其中一種樣貌。

下降時取較大的「一步」，能儘早接近最佳參數，但有可能略過窄小的山谷。「一步」的大小稱為**學習率**。學習率應該配合學習情況而改變，起初取較大的「一步」，然後逐漸取較小的一步。

參數僅有 2 個的時候，畫圖可以幫助理解，但參數若增加到 3 個，就難以畫出示意圖。另外，參數增加後，就不好採取向各方向增減參數的樸素方法。因為可能產生第 7 章提到的指數爆發，不能輕易嘗試「一個不漏」地尋找最佳方向。此時，我們會使用誤差反向傳播法，想辦法減少計算量，這部分稍後會說明。

程式設計師的參與

在機器學習上，希望各位讀者理解的是——程式設計師如何參與其中。程式設計師會干預模型的建構，但不會干涉參數的內容。程式設計師不是直接擺弄參數，而是透過模型、損失函數、訓練數據，間接地最佳化參數。即便是相同模型、相同損失函數，若訓練數據不同，學習完成模型就會完全不一樣。

在機器學習上，模型是透過數據本身來學習，程式設計師不會直接干涉。這就像是配備相同硬體的電腦，會因執行不同軟體而做出不同動作。只要更換軟體，同一個硬碟就能執行其他動作。同理，相同的模型會因不一樣的訓練數據，而產生動作上的變化。

類神經網路

前面以感知器為例，討論了模型和學習的概念。模型是指，藉由參數、輸入控制獲得的輸出；而學習是指，根據訓練數據和損失函數，使用梯度下降法來調整參數。

然而，單一感知器能做到的事情非常有限。於是，我們會組合複數層的感知器來進行更為複雜的判斷。這就是類神經網路。

什麼是類神經網路？

類神經網路是指，具有如感知器的輸入、輸出結構（節點：node）之層狀物。「類神經網路」的英文是「Neural Network」，該用語原本是描述生物傳遞訊息的模型。感知器的輸出僅有 0 或 1 兩種數值，而類神經網路的節點輸出不是兩種數值，而是可微分的連續數值。

Fig.A-10 是兩層類神經網路的示意圖。如同感知器，節點間的連結帶有權重參數，但這邊省略以簡化圖形。

Fig.A-10　兩層類神經網路

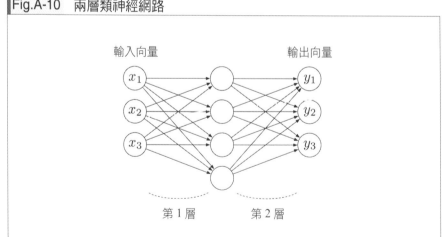

層數的計數方式因書籍、論文而異。Fig.A-10 權重參數的連結層數為 2，所以稱為「兩層類神經網路」。但是，輸入向量、節點排列、輸出向量的數量為 3，有時也稱為「三層類神經網路」。不管採取哪種計數方式，只要反覆疊加層數，就能作出多層類神經網路（Fig.A-11）。

Fig.A-11 多層類神經網路

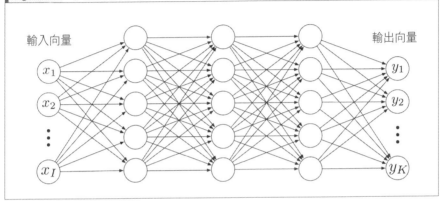

這是機器學習上常用的示意圖。

· 節點縱向排列，疊成層狀；
· 左端為輸入向量，右端為輸出向量；
· 節點之間張開連結，各自帶有權重參數。

不難想像在建構類神經網路的模型時，需要決定各種細節，如層數、節點個數、節點函數等。建構什麼樣的模型是由程式設計師決定的，但權重參數的調整則是由電腦根據訓練數據來進行。

誤差反向傳播法

類神經網路使用損失函數最佳化參數時，會使用誤差反向傳播法（Error Back Proragation）——先由輸入層往輸出層移動，計算損失函數的數值。接著，再由輸出層往輸入層反向傳遞，使用微分調查權重參數改變後，輸出如何變化，藉以調整權重參數。

Fig.A-12 誤差反向傳播法（正向傳播與反向傳播）

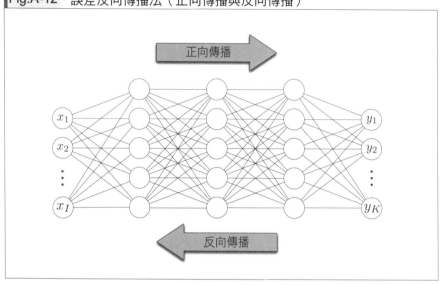

類神經網路大量待處理的數據和參數經組合運算後，容易發生第 7 章的
「指數爆發」。為了預防發生指數爆發，機器學習學家正在研究各式各樣的
演算法。誤差反向傳播法便是其中之一。

深度學習與強化學習

前面介紹了類神經網路的結構和學習流程，最近也經常聽聞深度學習、
強化學習等用語。

深度學習是指，增加類神經網路層數（增加深度）的模型。增加層數是
為了作出參數較少的複雜函數，為什麼增加層數能獲得這樣的效果，現在正
盛行研究其理論背景。

強化學習是指，不給予正解、進行「非監督式」學習的機器學習技巧。
強化學習的系統會反覆試驗找出最佳輸出，根據每次獲得的報酬來調整參數。
例如 Google DeepMind、DQN（deep Q-network）是融合深度學習和強化學習
的遊戲程式。DQN 從連遊戲規則都不知道的狀態開始學習，經過反覆試驗
後，最後交出分數高於人類的成果。另外，同公司的 AlphaGo*也是融合深度
學習和強化學習的圍棋程式。AlphaGo 研究圍棋的棋譜，交出超越人類的

成果。然後，AlphaGo Zero 是連人類的記譜都不研究，僅從了解圍棋的規則開始，靠著自我對弈來反覆學習，最後成為最強的圍棋程式。再則，將 AlphaGo Zero 一般化的 AlphaZero，正在努力成為西洋棋、將棋的最強程式。

人類將會被機器取代嗎？

前面以「邁向機器學習的第一步」為題，介紹了機器學習的基本內容。

最後，我們以機器學習的進步作引申，來討論「人類將會被機器取代嗎？」及「人類會剩下什麼樣的工作？」

●製作模型

機器學習是使用訓練數據來最佳化參數，而建構什麼樣階層的類神經網路？組合哪些函數？（目前）必須由人類來決定。

實際上，機器學習學家正在研究，什麼樣的問題使用什麼樣的模型才有效？該怎麼做才能提升學習效率與精確度？

●確保數據的信賴性

機器學習是使用訓練數據來最佳化參數，所以若是訓練數據有誤，最佳化的結果也不會正確，導致預測失敗。因此，訓練數據正確嗎？值得信賴嗎？有網羅必要的預測嗎？這些需由人類來判斷。

●解釋結果

機器學習是使用訓練數據來最佳化參數，達到正確預測、準確分類。其學習的結果會是學習完成模型中龐大數量的參數集合。

即便能夠正確預測、精準分類，人類尋求的是更為抽象的解釋，例如「因為有這樣的傾象，所以能這麼預測」「因為圖像有這樣的特徵，所以能這麼分類」等。然而，縱使知道參數的具體數值，也難以解釋「為什麼」能正確預測？「為什麼」能準確分類？

例如在醫療領域，「根據機器學習得到結論」時，人類應該如何解釋其中的意義？這部分就是人類的工作。

---

* https://deepmind.com/reserch/alphago/

這是因為機器學習的問題解決手法，不像其他方法是從人類的假說推導而來。

機器學習僅是根據數據來最佳化參數，沒有辦法說明「為什麼」該參數是該數值，只能解釋輸入和輸出的關係就是這樣。為了進行更抽象的解釋，需要仰賴人類的力量。

不過，隨著今後研究的進步，或許機器自身也能做出人類可理解的解說。

●決策

機器學習是根據輸入數據來進行未來預測。因此，該未來預測會是由過往經驗能夠推測的「最有可能的數值」。然而，「應該怎麼運用」該預測值的決策部分，沒辦法交由機器執行。

「採取什麼行動會產生什麼結果」，機器學習很有可能預測出來。然而，該不該採取這項決策，不應該交由機器學習來進行。

後續會遇到與其說是技術上的問題，不如說是倫理上的問題。例如，「減輕疼痛」或者「延長壽命」的抉擇問題，不應該將個人的意志交由機器學習來決定。

講到這邊，內容已經脫離本書的範圍。之後要怎麼做，就交由讀者自己決定吧。人類將會被機器取代嗎？不妨自己思考看看。

附錄學到的東西

本附錄作為「邁向機器學習的第一步」，介紹了下述項目：

- 「機器學習」是什麼？近年「機器學習」備受關注的理由；
- 機器學習的基本感知器模型，與機器學習的「學習」意義；
- 複數節點重疊形成網狀結構的類神經網路模型；
- 考察隨著機器學習進步帶來的疑問：「人類將會被機器取代嗎？」

另外，如同一開始所說，附錄的內容到底只是「第一步」。尤其，我們完全沒有提及機器學習不可欠缺的機率與統計。因此，更加詳盡的內容還請參閱下述參考文獻。

●參考文獻

- C.M. Bshop《パターン認識と機械学習》，丸善出版
- 齊藤康毅《ゼロから作る Deep Learning》，オライリー・ジセパン
- 島田直希＋大浦健志《Chainer で学ぶディープラーニング入門》，技術評論社
- 中井悅司《IT エンヅニアのための機械学習理論入門》，技術評論社
- 《データサイエンテイスト養成読本（機械学習入門編）》，技術評論社

◉課後對話

學生：「數學式好複雜，真討厭。」

老師：「很多事物不使用數學式會更加複雜。」

學生：「真的嗎？」

老師：「數學式是正確傳達複雜事物的語言。」

學生：「數學式是『語言』？」

老師：「是的。這是用來傳達重要事物的『語言』。」

附 錄 2

讀書指南

對本書內容感興趣的人，筆者也推薦下述課外選讀。

課外選讀

《壺之中 美妙的數學 4》（壺の中 美しい数学 4）

安野雅一郎著，安野光雅繪，童話屋，ISBN4-924684-11-2，1982 年
解說指數爆發的美妙繪本。

《死腦筋的電腦》（石頭コンピューター）

安野光雅著，野崎昭弘監修，日本評論社，ISBN4-535-78372-1，2004 年
從硬體到軟體簡單解說電腦機制的書籍。

《怎樣解題》（いかにして問題をとくか）

G.波利亞著，蔡坤憲譯，天下文化，ISBN9864177249，2018 年
以數學教育為題材，探討如何解決問題的名著。

《新裝版 集合是什麼？》（新装版 集合とはなにか）

竹內外史著，講談社 BLUE BACKS B1332，ISBN4-06-257332-6，2001 年
以集合論為基礎解說數學方法論的大眾讀物。書後附有康托爾的評論。

《數之書》（*The Book of Numbers*）

J.H. Conway、R.K. Guy 著，根上生也譯，Springer-Verlag 東京，
ISBN4-431-70770-0，2003 年
收錄質數、四元數、序數、超現實數等有關數的驚人內容。

《哥德爾、埃舍爾、巴赫：永恆的黃金穗帶（20 週年紀念版）》（*Gödel, Escher, Bach: an Eternal Golden Braid*）

Douglas R. Hofstadter 著，野崎昭弘、林肇、柳瀨尚紀譯，白揚社，
ISBN978-4-8269-0125-3，2005 年
網羅邏輯、遞迴結構、形式系統、人工智慧等的相關內容。獲獎 1980 年度
的普立茲獎。

《虛數的情緒──中學生的全方位自學法》（虛数の情緒──中学生からの全方位独学法）

　　吉田武著，東海大學出版會，ISBN4-486-01485-5，2000 年

　　以數學與物理為中心，沿循歷史推展全方位學習的大著。內容相當有趣。

《尤拉的贈禮》（オイラーの贈物）

　　吉田武著，東海大學出版會，ISBN978-4-486-01863-6，2010 年

　　從數學基礎開始自學，理解一條數學式 $e^{i\pi} = -1$ 的書籍。

《圖解密碼學與比特幣原理》（暗号技術入門 第 3 版──秘密の国のアリス）

　　結城浩著，吳嘉芳譯，碁峰，ISBN978-986-476-193-7，2016 年

　　圖解說明公開金鑰加密、數位簽章等加密技術的入門書籍。

《高中數學＋α：基礎與邏輯的故事》（高校数学＋α：基礎と理論の物語）

　　宮腰忠著，共立出版，ISBN978-4-320-01768-9，2004 年

　　統整高中數學內容的單冊書籍。

《熟練情況數》（マスター・オブ・場合の数）

　　栗田哲也、福田邦彥、坪田三千雄著，東京出版

　　可用來搭配問題加深理解第 5 章〈排列組合〉的「情況數」。

《從邏輯和集合打好數學基礎》（論理と集合から始める数学の基礎）

　　嘉田勝，日本評論社，ISBN978-4-535-78472-7，2008 年

　　從邏輯和數學打好基礎的教科書。

《完全版 馬丁・加德納的數學遊戲全集 1》（完全版 マーティン・ガードナー数学ゲーム全集 1）

　　Martin Gardner 著，岩澤宏和、上原隆平監修，日本評論社，ISBN978-4-535-60421-6，2015 年

　　收錄數學智力題目和數學遊戲的書叢。

《**數學女孩**》系列

結城浩著，SB Creative，2007 年～

透過高中生與國中生們的對話了解數學的書叢。

截自 2017 年為止，已出版以下 5 本：

《數學女孩》

《數學女孩：費馬最後定理》

《數學女孩：哥德爾不完備定理》

《數學女孩：隨機演算法》

《數學女孩：伽羅瓦理論》

《**數學女孩秘密筆記**》系列

結城浩著，SB Creative，2013 年～

透過高中生和國中生們的對話了解數學的書叢。

《數學女孩秘密筆記》系列講解比較簡單的內容。

截自 2017 年為止，已出版以下 9 本：

《數學女孩秘密筆記：公式・圖形篇》

《數學女孩秘密筆記：整數篇》

《數學女孩秘密筆記：圓圓的三角函數篇》

《數學女孩秘密筆記：數列廣場篇》

《數學女孩秘密筆記：微分篇》

《數學女孩秘密筆記：向量篇》

《數學女孩秘密筆記：排列組合篇》

《數學女孩秘密筆記：統計篇》

《數學女孩秘密筆記：積分篇》

電腦科學

《簡單的電腦科學》（*Great Ideas in Computer Science*）

Alam W. Biermann 著，和田英一監譯，ASCII 出版，ISBN4-7561-0158-5，
1993 年

能夠詳細學習電腦硬體、程式設計到人工智慧的教科書。

《電腦設計的數學》（*A Logical Approach to Discrete Math*）

David Gries、Fred B. Schneider 著，難波完爾、土居範久監譯，日本評論社，ISBN4-535-78301-2，2001 年

使用邏輯式來解講程式設計數學的教科書。關於本書在第 106 頁提及的迴圈不變性，請參閱該書的「12.6 迴圈的正當性」。

《演算法導論 第 3 版 綜合版》（*Introduction to Algorithms*）

Cormen、Rivest、Leiserson、Stein 著，淺野哲夫等譯，近代科學社，ISBN978-4-7649-0408-8，2013 年

資料結構與演算法的教科書。

《電腦程式設計藝術 第 1 冊 基礎演算法 第 3 版》（*The Art of Computer Programming Volume 1 Fundamental Algorithms Third Edition*）

Donald E. Knuth 著，有澤誠、和田英一監譯，KADOKAWA，ISBN978-4-04-869402-5，2015 年

被讚譽為「演算法的聖經」、具有歷史性的教科書。第 1 冊解說「離散數學與資料結構」。

《電腦程式設計藝術 第 2 冊 半數值演算法 第 3 版》（*The Art of Computer Programming Volume 2 Seminumerical Algorithms Third Edition*）

Donald E. Knuth 著，有澤誠、和田英一監譯，KADOKAWA，ISBN978-4-04-869416-2，2015 年

「演算法的聖經」的第 2 冊，解說「亂數與算術運算」。

《電腦程式設計藝術 第 3 冊 排序與搜尋 第 2 版》（*The Art of Computer Programming Volume 3 Sorting and Searching Second Edition*）

Donald E. Knuth 著，有澤誠、和田英一監譯，KADOKAWA，ISBN978-4-04-869431-5，2015 年

「演算法的聖經」的第 3 冊，解說「排序與搜尋」。

《電腦程式設計藝術 第 4A 冊 組合演算法 第 1 部分》（*The Art of Computer Programming Volume 4A Combinatorial Algorithms Part 1*）

Donald E. Knuth 著，有澤誠、和田英一監譯，KADOKAWA，ISBN978-4-04-893055-0，2017 年

「演算法的聖經」的第 4 冊，解說「組合演算法」。

《演算法設計》（*Algorithm Design*）

Jon Kleinberg、Eva Tardos 著，淺野孝夫、淺野泰仁、小野孝男、平田富夫譯，共立出版，ISBN978-4-320-12217-8，2008 年

詳盡講解如何從現實問題梳理出數學演算法的專門書。

《具體數學》（*Concrete Mathematics*）

Graham、Knuth、Patashnik 著，有澤誠等譯，共立出版，ISBN4-3200-2668-3，1993 年

學習演算法設計、解析時相關運算的教科書。

索　引

Note

國家圖書館出版品預行編目（CIP）資料

程式設計必修的數學課/結城浩作；衛宮紘譯.
-- 初版. -- 新北市：世茂出版有限公司, 2021.03

　面；　公分. --（數學館；38）
ISBN 978-986-5408-45-9（平裝）

1.數學　2.通俗作品

310　　　　　　　　　　　　　　109020311

數學館 38

程式設計必修的數學課

作　　　者／結城浩
譯　　　者／衛宮紘
主　　　編／楊鈺儀
責任編輯／李雁文
封面設計／走路花工作室
出 版 者／世茂出版有限公司
負 責 人／簡泰雄
地　　　址／（231）新北市新店區民生路 19 號 5 樓
電　　　話／（02）2218-3277
傳　　　真／（02）2218-3239（訂書專線）
劃撥帳號／19911841
戶　　　名／世茂出版有限公司 單次郵購總金額未滿 500 元（含），請加 80 元掛號費
世茂官網／www.coolbooks.com.tw
排版製版／辰皓國際出版製作有限公司
印　　　刷／傳興彩色印刷有限公司
初版一刷／2021 年 3 月
　　四刷／2024 年 5 月
Ｉ Ｓ Ｂ Ｎ／978-986-5408-45-9
定　　　價／450 元

PROGRAMMER NO SUGAKU DAI2HAN
Copyright © 2018 HIROSHI YUKI
Originally published in Japan 2018 by SB Creative Corp.
Traditional Chinese translation rights arranged with SB Creative Corp.,through AMANN CO., LTD.